机器人视觉系统研究

郑志强　卢惠民　刘　斐　著

科学出版社

北京

内 容 简 介

视觉系统能够提供丰富的环境感知信息,是自主移动机器人最为重要的环境感知系统之一。本书以机器人足球世界杯 RoboCup 中的中型组足球机器人系统为背景,描述了国防科学技术大学机器人足球研究组近十年来在足球机器人实时动态视觉感知问题上的研究成果和最新进展,主要内容包括:视觉系统设计与标定、颜色编码化和非颜色编码化目标识别、目标跟踪与状态估计、视觉自定位等。

本书主要成果均在实践中尤其是实际中型组机器人足球比赛中得到了充分应用和检验,较好地解决了机器人视觉系统设计与应用中的很多科学问题和实际工程问题,可供从事智能机器人、计算机/机器人视觉、图像处理等方向研究的同行特别是新参与 RoboCup 研究的团队参考借鉴,也可作为相关学科专业研究生、高年级本科生的教材或者参考书。

图书在版编目(CIP)数据

机器人视觉系统研究/郑志强,卢惠民,刘斐著.—北京:科学出版社,2015.6

ISBN 978-7-03-044736-4

Ⅰ.①机…　Ⅱ.①郑…　②卢…　③刘…　Ⅲ.①机器人-视觉-研究　Ⅳ.①TP242.6

中国版本图书馆 CIP 数据核字(2015)第 124358 号

责任编辑:张海娜　罗　娟/责任校对:桂伟利
责任印制:徐晓晨 / 封面设计:迷底书装

科学出版社 出版
北京东黄城根北街 16 号
邮政编码:100717
http://www.sciencep.com

北京凌奇印刷有限责任公司 印刷
科学出版社发行　各地新华书店经销

*

2015 年 6 月第　一　版　　开本:720×1000　1/16
2020 年 5 月第五次印刷　　印张:13 1/4　彩插:2
字数:264 000
定价:95.00 元
(如有印装质量问题,我社负责调换)

前　　言

机器人足球世界杯(Robot Soccer World Cup,简称 RoboCup)为人工智能和智能机器人研究了提供一个具有标志性和挑战性的公共测试平台,其最终目标是:到 2050 年,一支由完全自主的类人机器人组成的足球队能够打败当时的人类足球世界冠军。国防科学技术大学机器人足球研究组自 1999 年以来一直从事机器人足球系统相关理论与技术研究,在智能机器人设计、机器人视觉、机器人运动控制、多机器人协调控制等方面做了大量的研究工作,先后独立完成了 RoboCup 仿真组、小型组、中型组、RoboCup 救援组机器人系统等的研制工作,突破了多项关键技术,取得了一系列研究成果,在 *Pattern Recognition*、*Mechatronics*、*Advanced Robotics*、《自动化学报》、《机器人》、IEEE ICRA、IFAC WC、RoboCup Symposium 等国内外期刊和会议上发表论文近百篇,获得国家发明专利 1 项、实用新型专利 3 项、软件著作权 4 项。研究组自主研制了多系列的具有完全自主知识产权的全向运动/全向视觉多自主移动机器人系统和救援机器人系统,2006 年以来 7 次参加 RoboCup 机器人足球世界杯比赛,进入中型组 8 强 4 次、6 强 2 次,获得技术挑战赛季军 2 次;2004 年起参加中国机器人大赛暨 RoboCup 中国公开赛,获得中型组冠军 3 次、亚军 1 次、季军 2 次,获得技术挑战赛冠军 7 次,并连续 6 年获得救援机器人组冠军。研究小组成员 3 次担任 RoboCup 中型组技术委员会成员,2 次担任组织委员会成员。

视觉系统为人类提供了约 75% 的外界信息。视觉系统也已成为了各种自主移动机器人最为重要的环境感知系统之一,能够为其提供丰富的环境感知信息。视觉感知作为中型组足球机器人最重要的比赛环境感知方式,是支撑足球机器人完成自主决策控制的基础性问题。本书内容紧扣中型组足球机器人视觉感知系统设计与信息处理,涵盖了 RoboCup 中型组足球机器人视觉感知研究的主要方面,如视觉系统设计与标定、颜色编码化和非颜色编码化目标识别、目标跟踪与状态估计、视觉自定位等,是课题组近十年来在该问题上的原创研究成果的精华浓缩。本书理论研究和工程应用结合紧密,介绍的主要成果均在实践中尤其是实际机器人比赛中得到了充分应用和检验,较好地解决了机器人视觉系统设计与应用中的很多科学问题和实际工程问题,为研究组参加 RoboCup 国际和国内比赛及学术交流取得优异成绩奠定了基础。希望本书能为从事智能机器人、计算机/机器人视觉、图像处理、模式识别等方向研究的同行,特别是愿意开展机器人足球研究的团队,提供一些有益的参考和借鉴。

本书是研究组郑志强教授、张辉教授、卢惠民副教授、李迅副教授,已毕业的博士刘斐、柳林、季秀才、舒文杰、耿丽娜、海丹、王祥科、肖军浩、杨绍武,在读博士生曾志文、熊丹、黄开宏、于清华,已毕业的硕士夏旻、刘伟、刘玉鹏、孙方义、卢盛才、崔连虎、董鹏、邬林波、程帅、郑小祥、崔清柱,在读硕士生杨祥林、代维等在内所有成员的集体智慧的结晶。

研究组在开展机器人足球研究的过程中,得到了国防科学技术大学机电工程与自动化学院和自动控制系的大力支持,尤其感谢学校训练部外事处在出国竞赛交流经费上提供的资助,学校研究生院培养处在研究生科技创新计划"RoboCup机器人足球世界杯"、"十二五"重点建设"机器人足球比赛 MOORE 教学环境"和学院及系里在军队重点实验室"机器人足球系统研究及学术交流"等项目上的大力资助,感谢杨俊教授、刘锋参谋、朱群参谋、李丽刚参谋、董霖参谋、辛华参谋、张立杰参谋、吕云霄参谋等提供的帮助。

限于作者水平,书中难免会有不足之处,热切地希望得到各位读者的宝贵意见。作者的 E-mail 地址是:zqzheng@nudt.edu.cn 和 lhmnew@nudt.edu.cn。

作 者
2015 年 3 月于长沙

目　录

第1章 绪 论

1.1 机器人足球世界杯

RoboCup[1]是国际上一项为促进分布式人工智能、智能机器人技术及其相关领域的研究与发展而举行的大型比赛、教育和学术活动。其目的是通过机器人足球比赛,为人工智能和智能机器人研究成果交流提供一个具有标志性和挑战性的公共测试平台,促进相关领域的发展。RoboCup 的最终目标是到 2050 年,一支由完全自主的类人机器人组成的足球队能够打败当时的人类足球世界冠军。

机器人足球是由加拿大大不列颠哥伦比亚大学教授 Alan Mackworth 在 1992 年的一次国际人工智能会议上首次提出的[2],此想法一经提出,便得到了各国科学家的普遍赞同和积极响应,国际上许多著名的研究机构和组织开始开展研究,将其付诸实现并不断推动其发展。RoboCup 始于 1997 年,是目前世界范围内水平最高的机器人足球竞赛,每届比赛期间还举行机器人学术研讨会 RoboCup International Symposium,同时还举办一系列的自动化设备、技术,特别是机器人相关机电产品的展览会。RoboCup 世界杯比赛吸引了来自世界各地的众多研究机构的积极参与,以在荷兰埃因霍温举行的 RoboCup2013[3]为例,来自 45 个国家和地区的 2661 名研究人员参加了该项赛事,超过四万名观众现场观看了赛事。

RoboCup 比赛共分为机器人足球、机器人救援、家庭机器人、青少年机器人竞赛等一系列组别的赛事,其中机器人足球致力于促进人工智能和机器人技术的进步,机器人救援和家庭机器人主要面向机器人的应用,青少年机器人竞赛则是为了吸引青少年对机器人的兴趣,培养未来的机器人研究人才。RoboCup 各项赛事如下。

机器人足球(RoboCup Soccer):2D 仿真组、3D 仿真组、小型组、中型组、标准平台组、类人组;

机器人救援(RoboCup Rescue):救援机器人组、救援仿真组;

家庭机器人(RoboCup@home);

青少年机器人比赛(RoboCup Junior)。

1.2 RoboCup 中型组比赛与中型组机器人

1.2.1 RoboCup 中型组比赛介绍

RoboCup 中型组比赛(RoboCup Middle Size League,RoboCup MSL)是 Robo-Cup 比赛的主要项目之一,自 1997 年第一届 RoboCup 比赛开始即是正式比赛项目。RoboCup 中型组当前的比赛规则[4]允许每支球队最多 5 个外形尺寸为正方形边长不超过 52cm、高度不超过 80cm 的机器人在 18m×12m 的绿色场地上使用橙色(或黄色)标准 5 号足球进行比赛。所有的传感器都由机器人自身携带,机器人能使用带宽受限的无线网络与队友、场外 Coach 机(教练机)进行通信。除了机器人上下场,不允许人类对比赛进行任何额外的干预。因此,机器人是全分布式和全自主的。机器人必须能够通过自身携带的传感器和与队友的无线通信获得环境感知信息,完成目标识别和自定位,并使用自身携带的计算机自主完成自身的决策控制,实现与队友的协调与协作等,以共同完成比赛任务。每场比赛分成两个 15min 的半场。比赛过程由人类裁判控制,主裁判具有绝对的权威贯彻比赛规则的执行。同时,设置一个助理裁判负责操作裁判盒程序(referee box),根据主裁判的判罚发出相应的指令,如比赛开始、暂停、开球、任意球、争球、界外球、球门球等给比赛双方球队的场外 Coach 机,场外 Coach 机再将指令通过无线网络发送给场上比赛的机器人。中型组比赛过程示意图如图 1.1 所示,典型比赛场景如图 1.2 所示。

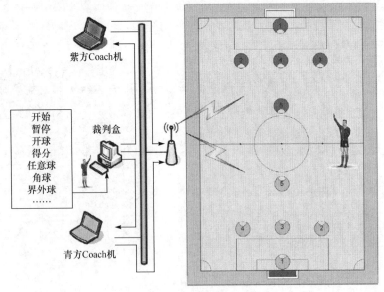

图 1.1 中型组比赛过程示意图

图 1.2 RoboCup 中型组比赛场景

图中机器人均携带全向视觉系统

在目前的 RoboCup 各项赛事中,RoboCup 中型组比赛环境和规则、比赛对抗的激烈程度都是最接近人类比赛的,如球门使用与人类比赛类似的球网,比赛中人类对机器人的摆位等操作也被禁止,机器人必须是完全自主的,比赛规则由国际足球联合会(FIFA)足球比赛规则修改而来等。每年的 RoboCup 世界杯比赛结束后,RoboCup 理事会成员都会组成人类足球队与当年中型组足球机器人世界冠军开展一场"人-机器人对抗赛",以验证目前机器人技术发展水平与 RoboCup 最终目标的接近程度。同时 RoboCup 中型组技术委员会还会进一步修改规则的路线图,以引导相关技术的进步,如允许为机器人穿上不同颜色的球衣,比赛用球改为使用任意的标准 FIFA 5 号足球,在户外环境比赛,机器人根据裁判哨音和手势进行比赛等。

RoboCup 中型组吸引了来自世界各地众多研究机构的积极参与。国外的意大利米兰理工大学,荷兰埃因霍温科技大学,奥地利格拉茨理工大学,德国斯图加特大学、图宾根大学及卡塞尔大学,葡萄牙的阿威罗大学,日本大阪大学、庆应义塾大学和九州工业大学等,国内的上海交通大学、国防科学技术大学、华南理工大学、上海大学、广东工业大学、北京信息科技大学、北京理工大学等均先后参加过该赛事。

1.2.2 RoboCup 中型组比赛机器人介绍

为完成上述比赛任务,典型的 RoboCup 中型组足球机器人由以下部分组成。

移动平台:在 RoboCup 中型组主要有全向移动和双轮差动两种移动平台[5]。由于全向移动平台能够随时向任何方向移动,相比较双轮差动平台具有极大的灵活性,所以成为目前绝大部分中型组球队的选择。全向移动平台主要由全向轮、直流电机、轮系、电机驱动器和控制器等部分组成。

传感器:目前在 RoboCup 中型组球队中最经常使用的传感器是视觉传感器和

电机编码器。大部分球队都使用全向视觉系统作为视觉传感器。全向视觉系统由摄像机和凸全向反射镜面组成,其中摄像头朝上正对着全向反射镜面,因此全向视觉系统也被称为全景视觉或者折反射视觉系统。也有一些球队仅使用透视成像的单摄像机作为视觉传感器[6]。还有很多球队同时使用了全向视觉系统和透视摄像机[7-10]。机器人能够通过处理这些视觉传感器信息实现目标识别和目标跟踪。电机编码器用于电机速度控制和航迹计算。机器人通过结合视觉传感器和电机编码器信息可实现在场地上的自定位。

踢球装置:RoboCup 中型组足球机器人都安装有踢球装置,用于传球和射门。踢球装置一般分为气动射门装置[11]、电磁铁螺线管储能射门装置[12]和弹簧弩机储能射门装置[13]等。

车载计算机:RoboCup 中型组足球机器人都携带计算机用于运行机器人的软件以实现图像处理、决策、路径规划、运动控制、多机器人协作等。车载计算机一般为笔记本电脑或者工控机。这些计算机同时也带有无线网卡用于机器人之间的无线通信。

其他必需的设备:其他设备,如电池、带球装置等,也是 RoboCup 中型组足球机器人能够完成比赛所必需的。

一些典型的参赛机器人如图 1.3 所示。

(a) 葡萄牙CAMBADA队　　(b) 荷兰Tech United队　　(c) 日本Hibikino-Musashi队

(d) 德国Brainstormers-Tribots队　　(e) 中国Water队　　(f) 中国NuBot队

图 1.3　典型的参赛机器人

1.2.3 RoboCup 中型组的科学意义和工程价值

RoboCup 中型组机器人足球赛中涉及的研究内容包括机械结构设计[5, 14]、实时图像处理[15]、机器人视觉[16, 17]、机器人自定位[18]、目标识别与目标跟踪[19, 20]、运动控制[14, 21, 2]、移动机器人控制体系结构[23, 24]、路径和轨迹规划[21]、机器学习[25]、多机器人协调控制[26-28]、多传感器信息融合[29]等。因此,RoboCup 中型组比赛能够作为一个标准测试平台,检验机器人学和人工智能领域中的大量理论与方法。大量的新技术能够在 RoboCup 中型组足球赛中应用、集成和检验,RoboCup 中型组研究中的科技进展与成果也能直接应用于相关研究领域并提高这些领域的研究水平。这些相关研究领域包括机器人学、计算机视觉、模式识别、信号处理、人工智能、分布式人工智能、自动控制、机器学习、认知科学等。机器人自定位算法、规划和控制算法、学习算法、图像处理算法、软件结构、各种新传感器等新技术能够直接应用于服务机器人、工业机器人、自主车、智能交通系统、工业自动化等,这些都能够给社会生产和人们日常生活的诸多方面带来极大帮助。

总之,RoboCup 中型组研究能够在机器人学和人工智能等相关领域的研究中扮演催化剂的角色,并且能够为科技和社会的进步做出越来越多的贡献。

1.3 RoboCup 中型组视觉感知研究现状

RoboCup 中型组足球机器人是全分布式的和全自主的,机器人系统的所有传感器都由机器人本体携带,感知信息的采集、处理也由机器人的车载计算机完成。目前,中型组足球机器人使用的传感器主要包括视觉系统、电机编码器、电子罗盘、陀螺仪等。其中,由于视觉系统相对廉价,并且能够提供最为丰富的感知信息,所以视觉感知成为了中型组机器人最重要的比赛环境感知方式,主要用于实现机器人的目标识别、状态估计、自定位等。全向视觉系统具有 360°的水平视场角,能够获取机器人周围场地的全景图像,经过图像处理可实现目标识别,并融合电机编码器等其他传感器信息,实现机器人的自定位,以提供机器人决策控制所需要的环境感知信息。因此,该系统已经成为中型组足球机器人最重要的传感器[30],近几年,几乎所有的中型组参赛队的足球机器人都装有全向视觉系统(图 1.2 和图 1.3)。RoboCup 中型组比赛也为全向视觉技术的研究和应用提供了一个标准的测试环境,大大促进了全向视觉技术的研究和发展。

本节分别从视觉系统设计及标定、目标识别、目标运动状态估计、机器人视觉自定位、多机器人协同感知等几个方面详细综述目前 RoboCup 中型组足球机器人在比赛环境的视觉感知上的研究现状。

1.3.1　视觉系统设计及其标定

折反射式全向视觉系统是 RoboCup 中型组足球机器人使用最为广泛的视觉传感器,几乎所有的中型组机器人都安装了这种传感器。折反射式全向视觉系统由全向反射镜面和摄像机组合而成[31, 32],其中全向反射镜面起着反射光线的作用,而摄像机则通过镜头折射,采集全向反射镜面反射的光线来获取全景图像。该系统具有 360°的水平视角,能够获取机器人周围场地的全景图像,经过图像处理可实现目标识别,并融合电机编码器等其他传感器信息实现机器人的自定位,以提供机器人决策控制所需要的环境感知信息。该系统是中型组足球机器人最重要的传感器(目前 RoboCup 中型组中有部分球队还使用仅由透视成像摄像机构成的局部前向视觉系统来实现对机器人前方环境的感知,以起到辅助全向视觉的作用,该系统的摄像机内外参数标定往往使用现有成熟的标定工具箱,因此本节对其不进行详细介绍,仅讨论全向视觉的设计与标定)。

全向反射镜面的形状对全向视觉系统的成像特性有着决定性的影响。根据成像原理的不同,全向视觉系统可分为单视点成像和非单视点成像的全向视觉,其中单视点全向视觉又可分为使用双曲线形镜面、椭球形镜面和抛物线形镜面的全向视觉系统;非单视点全向视觉又可分为使用圆锥形镜面、球形镜面、水平等比和垂直等比镜面等的全向视觉系统。文献[31]中详细介绍了使用圆锥形镜面、球形镜面、椭球形镜面、抛物线形镜面以及双曲线形镜面等的全向视觉的成像原理和特性,文献[33]则设计了三种成像分辨率不变的镜面,即水平等比镜面、垂直等比镜面和角度等比镜面,能够分别实现水平面、垂直面和角度上的场景成像的分辨率不变。

目前在 RoboCup 中型组机器人上使用最多的是双曲线形镜面,如德国 Brainstormers-Tribots 队[11]及 RFC Stuttgart 队[10]、荷兰的 Tech United 队[9]和葡萄牙 CAMBADA 队[34]等。这种镜面的主要缺陷是成像分辨率随着与机器人距离的增大而降低,远处场景成像太小,不利于机器人进行大范围的目标识别。葡萄牙的 ISocRob 队、意大利的 Milan 队等联合设计和使用了一种从内至外分别由水平等比镜面、固定斜率镜面和平面镜组成的组合镜面[35]。我国 NuBot 队则设计实现了一种从内至外分别由双曲线形镜面、水平等比镜面和垂直等比镜面组成的新型组合镜面[36, 37],能够实现机器人近处水平场景的成像分辨率不变且远处垂直场景的成像变形较小,同时对接近机器人的周围场景包括机器人自身也具有清晰的成像。

全向视觉系统只有经过距离标定才能完成视觉测量。近年来,单视点全向视觉系统的标定方法得到了较为深入的研究[38-41],Mei 和 Scaramuzza 等分别开发了用于此类全向视觉系统标定的 MATLAB 工具箱。但这些标定方法都假设全向反射镜面中心轴与摄像机主轴重合,并且镜面具有各向同性。由于视觉系统的安装精度和全向反射镜面加工精度等因素的限制,并且激烈比赛中的机器人冲撞会给全向视觉系统带来剧烈冲击,上述假设往往难以成立,使得研究对象并不满足单视点成像模型,这会对标定精度带来较大的影响。

文献[42]研究了不满足单视点成像模型的全向视觉系统的标定方法,取消了镜面中心轴与摄像机主轴重合的约束,但仍然假设镜面各向同性。文献[43]和[44]提出基于镜面曲线的几何性质,通过光路反推追踪来标定全向视觉系统,由机械安装不精确和使用低成本摄像机造成的非单视点成像影响能被有效补偿。德国的 Brainstormers-Tribots 队提出了一种在整个图像平面上利用一系列已知距离映射关系的插值基点进行插值计算以实现全向视觉系统标定的思想,使得在标定过程中不再需要进行上述假设[45]。我国 NuBot 队借鉴并实现了这一标定方法的思想,通过 Canny 算子提取出已知标定板上的插值基点,并使用二维 Lagrange 插值实现了 NuBot 全向视觉系统高精度的距离标定[46],较大地提高了机器人基于全向视觉的自定位精度。

1.3.2 机器人的目标识别

尽管根据现行比赛规则,蓝、黄色的球门和立柱被取消,但中型组的比赛环境仍然是高度颜色编码化的,能够识别黄色足球、绿色场地、白色标志线、黑色机器人及洋红色、青色机器人色标等目标是足球机器人的基本能力。由于 RoboCup 的最终目标是机器人足球队能够打败人类足球世界冠军,足球机器人最终要能够在光线条件高度动态的室外环境下进行足球比赛,而且目前的比赛规则对室内比赛环境的光线条件限制得也越来越少,自然光线对比赛环境的影响越来越大,所以如何使足球机器人的视觉系统能够在动态的光线条件下鲁棒地识别各种彩色目标,甚至能够完全不依赖于颜色信息地完成任意 FIFA 足球等目标的识别,成为足球机器人视觉目标识别的主要研究内容。各国研究人员分别从如下几个方面开展了针对该问题的研究工作。

1. 图像采集

在图像采集上,通过自动调节摄像机的图像采集参数使输出的图像能够在不同的光线条件下尽可能一致地描述真实的场景,从而使视觉系统的目标识别对光线条件具有较强的鲁棒性。文献[47]将摄像机参数调整问题定义为一个优化问题,并使用遗传算法来最小化人工选定的图像区域中像素的实际颜色值和理论颜色值的距离,即可获得该问题的最优解。由于理论颜色值被用作参考值,所以光线条件的影响可以被消除,但是该方法需要用户人工地选择一些特殊的图像区域。日本的 Trackies 队使用一组 PID 控制器,根据在全向视觉系统中始终可见的白色区域中的像素颜色值来调整摄像机参数,如增益、光圈和两个白平衡通道[48]。荷兰的 Tech United 队设计了 PI 控制器来调整曝光时间,把参考绿色区域的颜色值调整到期望的颜色值[49]。葡萄牙 CAMBADA 队则提出了根据全景图像及图像上已知位置的黑色和白色区域的亮度直方图来自动配置其全向视觉系统的图像获取参数[50]，该方法需要在场地上放置包含黑色和白色区域的色块，只能应用于比赛前离线的标定。上述方法在调节过程中都需要某些特殊的参考颜色，我国 NuBot队提出了一种基于图像熵的摄像机自动调节方法[51, 52]。该方法首先定义了图像熵，并通过实验分析验证了图像熵能够表征摄像机参数设置是否合适，然后根据图像熵优化摄像机参数，使机器人视觉能够自适应于不同的光线条件。使用全向视觉系统在室内 RoboCup 中型组环境和户外类似 RoboCup 环境下的实验结果表明，通过使用该方法，视觉系统的图像输出具有一定的恒常性，且该方法在调节过程中无需任何参考颜色，能够更广泛地应用于其他计算机/机器人视觉中的视觉系统自动调节问题中。

2. 颜色标定学习

在视觉系统的颜色标定学习上，传统的基于离线的人机交互界面选择确定颜色分类阈值[53]或者生成颜色查找表的方法[54, 55]不能完全满足在变化的光线条件下鲁棒的完成颜色分割和目标识别的需要[56]，而且离线的标定往往也比较耗时，因此研究人员又先后提出了多种在线的视觉自动颜色标定学习方法[57-59]，这些方法一般都需要通过不依赖于颜色分类地提取出场地白线点以实现机器人自定位后，再根据已知的环境模型（即已知各种目标的位置），搜索或者提取出各种目标区域，进而建立颜色查找表完成颜色自动标定，同时在比赛过程中还可以动态实时地修改颜色查找表以适应光线条件的变化。

3. 图像处理

在图像处理上，研究人员提出了通过处理或者变换图像以实现某种视觉的恒常性，如通过 Retinex 算法使处理后的图像具有一定的颜色恒常性[60]，从而提高颜色分类和目标识别对光线条件变化的鲁棒性。但这种方法往往具有较大的计算量，并不真正适合应用于 RoboCup 中型组比赛这种高度动态的环境。文献[61]则提出将图像数据从 YUV 空间转换到一种新的 TSL* 空间，并使用进化算法来优化转换参数，使颜色分割能够更加快速鲁棒和精确地完成。在光线条件变化时，该方法不调整颜色分割的阈值，而是进化颜色模型转化的最优参数。

4. 图像分析和理解

在图像分析和理解上，传统的方法是首先进行颜色分割，再使用区域生长或者游程编码等算法提取目标，RoboCup 中型组比赛环境中越来越多的动态光线条件给这种方法带来了很大的挑战。研究人员先后提出了多种不完全依赖于传统颜色分割的足球机器人目标识别算法[48, 62, 63]。文献[48]首先使用 Markov 随机场进行全景图像的区域分割,再假设颜色分布满足高斯概率模型,进而通过比较像素颜色值与所有颜色类高斯分布的最小 Mahalanobis 距离来实现图像的颜色分类,室内和室外环境下的实验验证了该方法的有效性。文献[62]提出了一种用于局部视觉的鲁棒的橙色足球识别方法。该方法基于 UV 空间的颜色统计图,采用 Bayes 分类器根据最大后验概率进行颜色分类,最后通过随机 Hough 变换提取出球,进而调整足球颜色值的概率分布以适应光线条件的变化。

近年来,不依赖于颜色分类的目标识别算法成为了足球机器人视觉的研究重点,特别是对任意 FIFA 足球的识别[64-72]。文献[64]~[66]提出了一种 CCD(contracting curve density)算法,该算法通过使用图像的局部统计特性来进行带参数的曲线模型与图像数据之间的匹配,进而搜索出任意的目标足球与背景图像之间的轮廓。该方法需要已知足球的大致位置,因此无法实现足球的全局检测。文献[67]借鉴了人脸识别中的 Adaboost 特征学习算法,并将其与粒子滤波算法相结合,实现了在复杂环境下不依赖颜色信息的足球实时检测和跟踪。文献[68]提出将边缘提取后的图像信息作为 Adaboost 学习算法的输入并构建多层分类器和回归树,以实现快速的任意足球检测,该方法能够在不同环境下检测出不同的足球,但是当环境中存在其他圆形物体时,该方法的误检率也较高,因此文献[69]提出将该方法与一种受生物学启发的视觉注意机制相结合,有效地降低了误检率。文献[70]则提出了一种基于图像边缘的弧匹配方法检测圆形进而完成足球的识别。Bonarini 等首先对图像做颜色不变性变换和边缘提取后,再使用圆 Hough 变换检测普通足球,并使用 Kalman 滤波器跟踪和预测足球的位置,以降低算法计算量[7]。文献[73]提出了一种 Hough 变换改进算法,使用结构张量技术(structure tensor technique)来完成不依赖颜色信息的足球检测,但是该方法计算量较大,无法在机器人上实时应用。

上述方法都是基于机器人的局部视觉系统,其视野和图像的复杂程度都远小于全向视觉系统,因此研究人员又研究了利用全向视觉进行任意足球的识别。文献[10]和[71]根据足球在其使用双曲线形镜面构成的全向视觉中的成像为圆形的特点,先使用边缘检测算法提取出全景图像的边缘信息,再使用圆 Hough 变换方法检测出圆,最后使用各自提出的有效验证方法确认所检测出的圆是否为足球。实验结果表明,这两种方法的正确检测率都很高,但是其所有的实验都是在基本无复杂背景干扰的环境下进行的。NuBot 队提出了一种基于其全向视觉系统的任意足球识别算法[36, 72],该算法首先推导了足球在其全向视觉系统中的成像特性,得出结论为足球近似成像为椭圆,并推导了图像不同位置处椭圆的形状参数。在图像处理中,该方法根据所推导的成像特性定义了径向扫描和旋转扫描来搜索由足球所成像的椭圆,进而完成对任意足球的全局检测,最后该方法还结合球速估计算法来预测跟踪足球,以更有效实时地识别足球。这种基于全向视觉的任意足球识别方法无需任何学习和训练的过程,而且能够在复杂的背景环境下实现任意足球的全局检测,但是该方法还需要进一步结合其他更有效的目标跟踪算法,以实现当目标足球在较长时间里被遮挡甚至仅部分遮挡情况下的可靠识别和跟踪。

1.3.3　目标运动状态估计

在激烈对抗和高度动态的 RoboCup 中型组比赛中,实现基于视觉的对足球、双方机器人障碍物、机器人自身等目标的运动状态,如速度甚至加速度等的准确估计是实现多机器人之间传接球配合、防守截球、更精确的运动避障规划和控制及更有效的战术行为选择等的基础。

文献[74]将一小段时间(十几个图像处理周期,即几百毫秒)内在场地地面上滚动的足球假设为满足匀速直线运动,在获得这段时间内足球的所有位置观测点后,即可将球速的估计问题建模为一个线性回归问题,使用最小二乘法计算出足球的运动速度。当足球的观测点较少时,该方法还使用岭回归分析代替线性回归以减小噪声的干扰,获得更加鲁棒的球速估计结果。文献[75]则使用相似的方法实现了对机器人自身运动速度的估计,并能够可靠地检测出激烈对抗情况下机器人与障碍物发生碰撞的情况。文献[76]提出首先对球的位置信息进行 Kalman 滤波,再使用与文献[74]类似的方法来估计球的运动速度。结合使用 Kalman 滤波后,球速估计的精度能得到提高。文献[77]使用 Kalman 滤波来检测目标足球是处于运动还是静止的状态,该方法还在滤波更新步骤中结合使用了多层感知器神经网络,以避免由视觉系统的载体即机器人运动震动等因素带来的大量图像噪声的影响,提高了状态检测的鲁棒性。

上述这些目标状态估计方法仅适用于目标位于二维的场地地面的情况,但是在目前的中型组比赛中,足球经常被挑射到空中,因此在三维空间中实现对足球的运动状态估计对提高机器人守门员等的防守行为极为重要。文献[78]、[79]提出了使用粒子滤波来跟踪在三维空间中运动的足球,并估计出三维球速信息,该方法考虑了目标的三维形状信息,并使用该三维形状在全景图像中所成像的二维区域内外的颜色信息作为粒子滤波的观测模型。实验结果表明该方法不仅能够在三维空间实现对足球的精确跟踪,也能在二维地面实现对黑色的机器人障碍物的精确跟踪,但是该文没有讨论目标的三维速度的估计结果。文献[45]、[80]、[81]提出使用全向视觉系统和普通透视成像摄像机来构建混合立体视觉传感器,实现在三维空间中的足球识别与定位。文献[45]将基于最小二乘的球速估计方法[74]从二维平面扩展到三维空间中。文献[81]提出使用极大似然估计器来估计足球在三维空间中的位置和速度。

除了上述传感器,荷兰的 Tech United 队还在机器人上加装激光雷达来实现对足球的三维定位,并通过抛物线拟合来计算足球的运行轨迹[82],但是由于其选用的二维平面激光雷达需要进行姿态伺服控制,所以这一方案很难跟踪上高速运动的足球。而如果选用三维激光雷达,则会带来成本偏高、数据和计算量大大增加导致处理帧速度降低等问题。此外,他们还使用 Kinect 这一 RGB-D 传感器在三维空间中识别和跟踪足球[83],该方法的主要缺陷是 Kinect 成像分辨率和视场角上的限制,导致只有 6m 内的足球能够被识别。

1.3.4 机器人的视觉自定位

具有在比赛场地中的自定位能力是足球机器人实现协同协作、运动规划、控制决策等的基础,特别是根据 2008 年以后的新规则,黄、蓝色的球门均被替换成与人类比赛类似的白色球网,机器人只有具备自定位能力才可能完成比赛。自定位问题主要面临以下挑战:由于比赛的高度动态和激烈对抗,经常出现机器人的视野被大量遮挡,自定位发生错误的情况也难以完全避免,而且变化的光线条件也给定位算法的鲁棒性提出了更高的要求。近十年来,研究人员先后提出的用于中型组足球机器人的视觉自定位方法主要有以下四种。

(1) 提取黄、蓝球门、立柱等地标点,实现几何三角定位[16];

(2) 使用 Hough 变换等方法提取场地白色标志线,并使用球门、立柱信息判断直线归属,实现几何定位[35,84];

(3) 粒子滤波定位方法,也称为蒙特卡罗定位方法[85,86];

(4) 基于匹配优化的自定位方法[87]。

随着新规则的使用,由于前两种定位方法已经无法继续使用,且其精度和稳定性也较差,所以粒子滤波定位和匹配优化定位方法成为最为常用的足球机器人自定位方法。粒子滤波定位是基于 Bayes 滤波框架的 Markov 定位的有效实现,是一种基于采样/重要性采样(SIS)的定位方法。该方法使用粒子点的集合表示机器人定位值在状态空间的分布,其中每个粒子点包括机器人可能的定位值和权重。在机器人定位过程中,基于权重的重采样、运动模型更新、观测模型更新三个步骤循环进行。定位结果可通过对所有粒子点加权求和得到。传统的粒子滤波定位算法的大量时间用于计算权重已经较低的粒子,这些粒子对定位结果没有什么贡献,具有一定的盲目性,因此文献[88]提出了一种高效的粒子滤波定位算法,该算法中的粒子数量自适应调整,当机器人自定位已经足够准确的情况下,甚至只需要一个粒子,即成为定位跟踪。德国 Brainstormers-Tribots 队提出了一种高效的匹配寻优定位方法[87],其主要思想是将机器人观测到的特征点与环境信息进行匹配,定义误差函数,将机器人自定位问题建模为优化问题,并使用 RPROP 算法来优化计算出机器人精确的自定位。

粒子滤波定位和匹配优化定位方法各有其优缺点,粒子滤波定位能够有效解决机器人的全局定位,在定位失效时恢复自定位,即解决机器人绑架问题,但是由于需要使用大量的粒子点才能很好地逼近机器人自定位的真实后验概率密度,而粒子点的数量直接影响了定位算法的复杂度,所以粒子滤波定位算法的精度和计算效率是相矛盾的,也就造成了其定位精度和效率相对较低。而匹配优化定位通过最小化误差函数搜索出定位结果,理论上其定位精度仅取决于优化算法本身的计算精度和视觉测量精度,而且优化算法往往仅需几毫秒即可完成一帧图像的定位计算,是一种高效率和高精度的定位算法。但是该方法由于需要根据机器人的定位初值进行优化计算,即需要已知定位初值,所以是一种定位跟踪算法,无法解决全局定位问题。NuBot 队提出了一种结合使用粒子滤波和匹配优化定位的基于全向视觉的机器人自定位方法[89,90],该方法首先使用粒子滤波实现机器人大致的全局自定位,再使用匹配优化进行精确高效的定位跟踪,当机器人自定位出错时,再重新启动粒子滤波实现全局定位,恢复出大致正确的定位值。在结合他们提出的基于图像熵的摄像机自动调节方法[51,52]后,实验结果表明该方法能够在获得高精度的自定位的同时实现可靠的全局定位,并对遮挡、光线条件变化等环境动态因素具有很强的鲁棒性。

1.3.5　多机器人协同感知

多机器人协同感知是多机器人系统研究中的一个重要内容,中型组比赛也是研究多机器人协同感知的理想平台。同时随着比赛环境越来越复杂,如比赛场地越来越大,而每个机器人的视野范围总是有限的,且随着比赛对抗激烈程度的提高,球等重要目标也会经常被队友或者对手遮挡;再者,每个机器人的感知是全自主的,由于不可避免的噪声等因素的影响,每个机器人获得的感知信息,即世界模型不可能是一致的,进而可能影响机器人之间协作策略的一致性。所以多机器人进行协同感知,实现球等目标的协同定位,以及机器人之间进行协同自定位,以提高多机器人系统的感知精度,实现多机器人之间世界模型的一致性,对提高机器人足球队的整体性能也越来越重要。

文献[91]提出了使用 Durrant-Whyte 信息融合方法来实现中型组足球机器人之间对球位置信息的融合,以获得全局一致的目标球信息。文献[92]则提出使用分布式粒子滤波来实现这一目标,该算法包括了局部粒子滤波器和全局粒子滤波器,当机器人自身视觉系统能够观测到足球时,则使用局部滤波器来融合自身和队友的观测信息,当机器人自身观测不到足球时,则使用全局滤波器来融合来自不同队友的观测信息。在该方法中,每个机器人还使用 EM 算法来迭代求解高斯混合模型参数,以使该模型能够近似描述其粒子滤波过程中的目标置信度,即粒子分布情况,这样机器人之间无须直接通信整个粒子集合,而仅互相通信高斯混合模型参数即可,大大降低了算法所需的通信量,同时各个机器人的高斯混合模型之间的距离还可用来判断其信息是否有效,以决定在融合过程中是否使用。文献[93]提出了使用模糊逻辑来实现多机器人对目标足球视觉观测的融合,该方法充分考虑了机器人自定位的不确定性,并将该不确定性传递到足球观测的不确定性中。葡萄牙的 CAMBADA 队则在文献[76]中详细描述了他们近年来在多机器人信息共享融合方面的工作,该队主要通过一个实时数据库(real-time database)[94]来实现多机器人之间的信息共享,并通过队友机器人共享的自定位信息来区分所检测到的黑色障碍物是队友还是对手。文献[95]使用 Bayes 网络模型来描述多机器人系统的机器人自定位和目标跟踪问题,通过深入分析联合状态空间各部分(各个机器人的状态和目标足球的状态)的独立性,将联合状态的后验概率估计问题分解,并推出该目标足球可作为实现机器人之间协同定位的"桥梁",最后使用粒子滤波实现上述状态估计问题,提高了多机器人系统中每个机器人的自定位精度和对目标足球的定位精度。上述这些算法的实验验证都是在较为简单甚至静态的情形下完成的,在高度动态对抗的环境下这些算法是否依然有效,还需要进一步深入地研究和测试。

1.4　RoboCup 中型组视觉感知的发展趋势

面向 RoboCup 的最终目标,并且提高机器人的比赛性能,RoboCup 中型组足球机器人视觉感知上的总体发展趋势是:在越来越复杂的高度动态对抗的比赛环境下为机器人实时提供越来越精确丰富的环境感知信息,具体体现在以下几个方面,这也是作者认为研究人员未来应该注意的研究重点。

(1)提高机器人视觉系统的鲁棒性,使之能够在光线条件高度动态的室内和户外环境下可靠地工作。

(2)由于比赛过程中足球会被经常踢到空中,所以需要提高使用立体视觉完成对球等目标的三维检测、定位、预测和跟踪的能力[45, 80, 81]。

(3)加强对各种存在大量干扰的复杂背景环境下任意 FIFA 足球的识别算法的研究,进一步提高现有算法的实时性和有效性,提高正确识别率,降低误检率和虚警率。

(4)在比赛越发高度动态和激烈对抗的情况下,更加精确地估计出各种运动目标(甚至三维运动目标)及机器人自身的速度甚至加速度等状态信息。

(5)更多地借鉴其他模式识别或者目标识别中关于一般目标识别的最新研究成果[96-98],实现对非黑色的机器人、机器人号码甚至不同球队机器人[99, 100]以及各种普通障碍物等的识别,降低比赛环境的结构化程度,并提炼出更高层的环境感知信息,如场上态势、对方机器人的策略行为等。

(6)加强对多机器人协同感知的研究,提高足球机器人对更大场地的适应能力,同时提高多机器人系统内部机器人之间世界模型的一致性和环境感知的精度,减少当前多机器人协调协作中对网络通信的依赖。

（7）嵌入式视觉的研究和应用在机器视觉领域得到了越来越多的重视,嵌入式视觉产品也越来越丰富,DSP、ARM、FPGA 等典型嵌入式芯片厂商都越来越重视视觉处理领域。如何更多地将嵌入式视觉设备应用到足球机器人中[101],以使足球机器人的视觉系统小型化,图像采集和处理一体化、硬件化,并且提高机器人视觉感知的实时性,也是值得研究人员注意的。

1.5　本书内容安排

本书系统地总结国防科学技术大学机电工程与自动化学院机器人足球研究小组近十年来关于 RoboCup 中型组机器人视觉感知尤其是全向视觉系统方面的研究成果。本书内容章节安排如下。

第 1 章为绪论,主要介绍 RoboCup 机器人足球世界杯、RoboCup 中型组比赛、RoboCup 中型组视觉感知的研究现状、RoboCup 中型组视觉感知的发展趋势。

第 2 章讨论足球机器人全向视觉系统设计与标定问题,首先简单介绍几类常见的全向视觉系统,然后介绍足球机器人全向视觉系统设计,最后讨论足球机器人全向视觉系统的标定。

第 3 章讨论足球机器人对颜色编码化目标的识别问题,首先介绍基于图像熵的摄像机参数自动调节算法,然后介绍足球机器人视觉系统颜色分类方法以实现图像分割,最后介绍针对场地白色标志线、黑色障碍物等颜色编码化目标的识别算法。

第 4 章讨论足球机器人对非颜色编码化目标尤其是任意足球的识别问题,主要介绍两种任意足球识别算法,分别为基于全向视觉成像模型的任意足球识别算法和基于 AdaBoost 的任意足球识别算法。

第 5 章讨论足球机器人的目标跟踪与状态估计问题,针对单个和多个障碍物目标的跟踪问题,分别介绍基于当前统计模型与状态约束的单目标跟踪和基于联合概率数据关联的多目标跟踪等两种方法;针对二维平面和三维空间的足球目标状态估计问题,分别介绍基于 RANSAC 及 Kalman 滤波的目标状态估计算法和基于双目视觉的三维空间目标状态估计方法。

第 6 章介绍一种新的结合粒子滤波和匹配优化的足球机器人视觉自定位算法,以提高足球机器人自定位对视觉遮挡、光线条件变化等环境动态因素的鲁棒性。

参 考 文 献

[1] www. robocup. org[2014-11-01]

[2] Mackworth A K. On seeing robots//Computer Vision: Systems, Theory and Applications. Singapore: World Scientific Publishing, 1992:1-13

[3] www. robocup2013. org[2014-11-01]

[4] Middle size robot league rules and regulations for 2013. http://wiki. robocup. org/wiki/Middle_Size_League/[2014-11-01]

[5] 海丹. 全向移动平台的设计与控制. 长沙:国防科学技术大学硕士学位论文,2005

[6] Almeida J, Martins A, Silva E, et al. Iseporto robotic soccer team for RoboCup 2010: Cooperative behavior. RoboCup 2010, Singapore, CD-ROM, 2010

[7] Bonarini A, Furlan A, Malago L, et al. Milan RoboCup team 2009. RoboCup 2009, Graz, CD-ROM, 2009

[8] Zhang H, Lu H, Wang X, et al. Nubot team description paper 2008. RoboCup 2008, Suzhou, CD-ROM, 2008

[9] Aangenent W H T M, de Best J J T H, Bukkems B H M, et al. Tech United eindhoven team description 2009. RoboCup 2009, Graz, CD-ROM, 2009

[10] Zweigle O, Kappeler U P, Rajaie H, et al. Rfc stuttgart team description 2009. RoboCup 2009, Graz, CD-ROM, 2009

[11] Hafner R, Lange S, Riedmiller M, et al. Brainstormers Tribots team description. RoboCup 2009, Graz, CD-ROM, 2009

[12] Yu W, Lu H, Lu S, et al. NuBot team description paper 2010. RoboCup 2010, Singapore, CD-ROM, 2010

[13] Kitazumi Y, Ishida S, Ogawa Y, et al. Hibikino-musashi team description paper. RoboCup 2009, Graz, CD-ROM, 2009

[14] 卢盛才. 足球机器人的设计与全向移动平台的控制. 长沙:国防科学技术大学硕士学位论文,2009

[15] 刘斐. 应用于足球机器人的彩色全向视觉关键技术研究. 长沙:国防科学技术大学博士学位论文,2007

[16] 刘伟. RoboCup 中型组机器人全景视觉系统设计与实现. 长沙:国防科学技术大学硕士学位论文,2004

[17] 卢惠民. 自主移动机器人全向视觉系统研究. 长沙:国防科学技术大学博士学位论文,2010

[18] 卢惠民. 机器人全向视觉系统自定位方法研究. 长沙:国防科学技术大学硕士学位论文,2005

[19] 黄开宏. 足球机器人目标跟踪问题研究. 长沙:国防科学技术大学硕士学位论文,2013

[20] 董鹏. 基于全向视觉的足球机器人任意足球识别与跟踪问题研究. 长沙:国防科学技术大学硕士学位论文,2010

[21] 曾志文. 基于模型预测控制的足球机器人轨迹跟踪. 长沙:国防科学技术大学硕士学位论

文,2011

[22] 崔清柱. 基于动力学的全向移动机器人建模与控制. 长沙:国防科学技术大学硕士学位论文,2012

[23] 崔连虎. RoboCup 中型组机器人协作问题研究. 长沙:国防科学技术大学硕士学位论文,2007

[24] Wang X, Zhang H, Lu H, et al. A new triple-based multi-robot system architecture and application in soccer robots//Intelligent Robotics and Applications. Berlin: Springer, 2010: 105-115

[25] 孙方义. 基于增强学习的足球机器人行为控制研究. 长沙:国防科学技术大学硕士学位论文,2008

[26] 柳林. 多机器人系统任务分配及编队控制研究. 长沙:国防科学技术大学博士学位论文,2006

[27] 邬林波. 基于 NSB 方法的多机器人编队控制. 长沙:国防科学技术大学硕士学位论文,2010

[28] 王祥科. 三维空间和考虑非线性模型的多智能体编队控制. 长沙:国防科学技术大学博士学位论文,2011

[29] 刘玉鹏. 多传感器系统设计及其在机器人定位中的应用. 长沙:国防科学技术大学硕士学位论文,2005

[30] Li X, Lu H, Xiong D, et al. A survey on visual perception for robocup msl soccer robots. International Journal of Advanced Robotic Systems, 2013, 10(110):1-10

[31] Benosman R, Kang S B. Panoramic Vision: Sensors, Theory and Applications. New York: Springer-Verlag, 2001

[32] Baker S, Nayar S K. A theory of single-viewpoint catadioptric image formation. International Journal of Computer Vision, 1999, 35(2):175-196

[33] Gaspar J, Decco C, Okamoto Jr J, et al. Constant resolution omnidirectional cameras. Proceedings of Third Workshop on Omnidirectional Vision, Copenhagen, 2002:27-34

[34] Neves A J R, Corrente G A, Pinho A J. An omnidirectional vision system for soccer robots. Progress in Artificial Intelligence, LNCS 4874, 2007:499-507

[35] Lima P, Bonarini A, Machado C, et al. Omni-directional catadioptric vision for soccer robots. Robotics and Autonomous Systems, 2001, 36(2/3):87-102

[36] Lu H, Zhang H, Xiao J, et al. Arbitrary ball recognition based on omni-directional vision for soccer robots. RoboCup 2008: Robot Soccer World Cup XII, 2009:133-144

[37] Lu H, Yang S, Zhang H, et al. A robust omnidirectional vision sensor for soccer robots. Mechatronics, 2011, 21(2):373-389

[38] Micusik B, Pajdla T. Para-catadioptric camera auto-calibration from epipolar geometry. Proceedings of the Asian Conference on Computer Vision, Singapore, 2004:748-753

[39] Geyer C, Daniilidis K. Paracatadioptric camera calibration. IEEE Transactions on Pattern Analysis and Machine Intelligence, 2002, 24(5):687-695

[40] Mei C, Rives P. Single view point omnidirectional camera calibration from planar grids. Pro-

ceedings of the 2007 IEEE International Conference on Robotics and Automation,Roma,
2007:3945-3950

[41] Scaramuzza D,Martinelli A,Siegwart R. A toolbox for easily calibrating omnidirectional
cameras. Proceedings to IEEE/RSJ International Conference on Intelligent Robots and Sys-
tems,Beijing,2006:5695-5701

[42] Colombo A,Matteucci M,Sorrenti D G. On the calibration of non single viewpoint cata-
dioptric sensors. RoboCup 2006:Robot Soccer World Cup X,LNAI 4434,2007:194-205

[43] Cunha B,Azevedo J,Lau N,et al. Obtaining the inverse distance map from a non-svp hyper-
bolic catadioptric robotic vision system. RoboCup 2007:Robot Soccer World Cup XI,LNAI
5001,2008:417-424

[44] Neves A J R,Pinho A J,Martins D A,et al. An efficient omnidirectional vision system for
soccer robots:From calibration to object detection. Mechatronics,2011,21(2):399-410

[45] Voigtländer A,Lange S,Lauer M,et al. Real-time 3d ball recognition using perspective and
catadioptric cameras. Proceedings of 2007 European Conference on Mobile Robots,
Freiburg,2007

[46] 杨绍武,卢惠民,张辉,等. 一种与模型无关的全向视觉系统标定方法. 计算机工程与应用,
2010,46(25):203-206

[47] Grillo E,Matteucci M,Sorrenti D G. Getting the most from your color camera in a color-co-
ded world. RoboCup 2004:Robot Soccer World Cup VIII,2005:221-235

[48] Takahashi Y,Nowak W,Wisspeintner T. Adaptive recognition of color-coded objects in in-
door and outdoor environments. RoboCup 2007:Robot Soccer World Cup XI,2008:65-76

[49] Lunenburg J J M,Ven G V D. Tech united team description. RoboCup 2008,Suzhou,CD-
ROM,2008

[50] Neves A J R,Cunha B,Pinho A J,et al. Autonomous configuration of parameters in robotic
digital cameras//Pattern Recognition and Image Analysis. Berlin:Springer,2009:80-87

[51] Lu H,Zhang H,Yang S,et al. A novel camera parameters auto-adjusting method based on
image entropy. RoboCup 2009:Robot Soccer World Cup XIII,2010:192-203

[52] Lu H,Zhang H,Yang S,et al. Camera parameters auto-adjusting technique for robust robot
vision. Proceedings of the 2010 IEEE International Conference on Robotics and Automa-
tion,Anchorage,2010:1518-1523

[53] Bruce J,Balch T,Veloso M. Fast and inexpensive color image segmentation for interactive
robots. Proceedings of 2000 IEEE/RSJ International Conference on Intelligent Robots and
Systems,Takamatsu,2000:2061-2066

[54] 刘斐,卢惠民,郑志强. 基于线性分类器的混合空间查找表颜色分类方法. 中国图象图形学
报,2008,13(1):104-108

[55] Liu F,Lu H,Zheng Z. A modified color look-up table segmentation method for robot soc-
cer. Proceedings of the 4th IEEE LARS/COMRob 07,Monterry,2007

[56] Mayer G,Utz H,Kraetzschmar GK. Playing robot soccer under natural light:A case study.

RoboCup 2003：Robot Soccer World Cup VII,2004：238-249

[57] Gunnarsson K,Wiesel F,Rojas R. The color and the shape：Automatic on-line color calibration for autonomous robots. RoboCup 2005：Robot Soccer World Cup IX,LNAI 4020,2006：347-358

[58] Cameron D,Barnes N. Knowledge-based autonomous dynamic colour calibration. RoboCup 2003：Robot Soccer World Cup VII,2004：226-237

[59] Heinemann P,Sehnke F,Streichert F,et al. Towards a calibration-free robot：The act algorithm for automatic online color training. RoboCup 2006：Robot Soccer World Cup X,2007：363-370

[60] Mayer G,Utz H,Kraetzschmar G K. Towards autonomous vision self-calibration for soccer robots. Proceedings of the International Conference on Intelligent Robots and Systems,Lausanne,2002：214-219

[61] Dahm I,Deutsch S,Hebbel M,et al. Robust color classification for robot soccer. RoboCup 2003：Robot Soccer World Cup VII,LNAI 3020,2004：677-686

[62] Gönner C,Rous M,Kraiss K. Real-time adaptive colour segmentation for the RoboCup middle size league. RoboCup 2004：Robot Soccer World Cup VIII,2005：402-409

[63] Lu H,Zheng Z,Liu F,et al. A robust object recognition method for soccer robots. Proceedings of the 7th World Congress on Intelligent Control and Automation,Chongqing,2008：1645-1650

[64] Hanek R,Beetz M. The contracting curve density algorithm：Fitting parametric curve models to images using local self-adapting separation criteria. International Journal of Computer Vision,2004,59(3)：233-258

[65] Hanek R,Schmitt T,Buck S,et al. Fast image-based object localization in natural scenes. Proceedings of the 2002 IEEE/RSJ Intl Conference on Intelligent Robots and Systems,Lausanne,2002：116-122

[66] Hanek R,Schmitt T,Buck S,et al. Towards RoboCup without color labeling. RoboCup 2002：Robot Soccer World Cup VI,2003：179-194

[67] Treptow A,Zell A. Real-time object tracking for soccer-robots without color information. Robotics and Autonomous Systems,2004,48(1)：41-48

[68] Mitri S,Pervölz K,Surmann H,et al. Fast color-independent ball detection for mobile robots. Proceedings of IEEE Mechatronics and Robotics,Aachen,2004：900-905

[69] Mitri S,Frintrop S,Pervölz K,et al. Robust object detection at regions of interest with an application in ball recognition. Proceedings of IEEE International Conference on Robotics and Automation,Barcelona,2005：125-130

[70] Coath G,Musumeci P. Adaptive arc fitting for ball detection in RoboCup. APRS Workshop on Digital Image Analysing,Brisbane,2003

[71] Martins D A,Neves A J R,Pinho A J. Real-time generic ball recognition in robocup domain. Proceedings of the 11th Edition of the Ibero-American Conference on Artificial Intelligence,

Lisbon,2008

[72] Lu H,Yang S,Zhang H,et al. Vision-based ball recognition for soccer robots without color classification. Proceedings of the 2009 IEEE International Conference on Information and Automation,Zhuhai,2009:916-921

[73] Wenig M,Pang K,On P. Arbitrarily colored ball detection using the structure tensor technique. Mechatronics,2011,21(2):367-372

[74] Lauer M,Lange S,Riedmiller M. Modeling moving objects in a dynamically changing robot application. KI 2005:Advances in Artificial Intelligence,Koblenz,2005:291-303

[75] Lauer M. Ego-motion estimation and collision detection for omnidirectional robots. RoboCup 2006:Robot Soccer World Cup X,LNAI 4434,2007:466-473

[76] Silva J,Lau N,Rodrigues J,et al. Sensor and information fusion applied to a robotic soccer team. RoboCup 2009:Robot Soccer World Cup XIII,2010:366-377

[77] Taleghani S,Aslani S,Shiry S. Robust moving object detection from a moving video camera using neural network and kalman filter. RoboCup 2008:Robot Soccer World Cup XII,LNAI 5399,2009:638-648

[78] Taiana M,Gasper J,Nascimento J,et al. 3d tracking by catadioptric vision based on particle filters. RoboCup 2007:Robot Soccer World Cup XI,2008:77-88

[79] Taiana M,Santos J,Gaspar J,et al. Tracking objects with generic calibrated sensors:An algorithm based on color and 3d shape features. Robotics and Autonomous Systems,2010, 58(6):784-795

[80] Käppeler U,Höferlin M,Levi P. 3d object localization via stereo vision using an omnidirectional and a perspective camera. Proceedings of the 2nd Workshop on Omnidirectional Robot Vision,Anchorage,2010:7-12

[81] Lauer M,Schönbein M,Lange S,et al. 3d-objecttracking with a mixed omnidirectional stereo camera system. Mechatronics,2011,21(2):390-398

[82] Kanters F M W,Hoogendijk R,Janssen R J M,et al. Tech united eindhoven team description 2011. RoboCup 2011,Istanbul,CD-ROM,2011

[83] Schoenmakers F B F,Koudijs G,Martinez C A L,et al. Tech united eindhoven team description 2013 middle size league. RoboCup 2013,Eindhoven,CD-ROM,2013

[84] 卢惠民,刘斐,郑志强. 一种新的用于足球机器人的全向视觉系统. 中国图象图形学报, 2007,12(7):1243-1248

[85] Menegatti E,Pretto A,Scarpa A,et al. Omnidirectional vision scan matching for robot localization in dynamic environments. IEEE Transactions on Robotics,2006,22(3):523-535

[86] Merke A,Welker S,Riedmiller M. Line based robot localization under natural light conditions. ECAI 2004 Workshop on Agents in Dynamic and Real Time Environments,Valencia, 2004

[87] Lauer M,Lange S,Riedmiller M. Calculating the perfect match:An efficient and accurate approach for robot self-localization. RoboCup 2005:Robot Soccer World Cup IX,2006:142-

153

[88] Heinemann P, Haase J, Zell A. A novel approach to efficient Monte-Carlo localization in RoboCup. RoboCup 2006：Robot Soccer World Cup X，2007：322-329

[89] 卢惠民，张辉，杨绍武，等. 一种鲁棒的基于全向视觉的足球机器人自定位方法. 机器人，2010，32(4)：553-559，567

[90] Lu H，Li X，Zhang H，et al. Robust and real-time self-localization based on omnidirectional vision for soccer robots. Advanced Robotics，2013，27(10)：799-811

[91] Pinheiro P，Lima P. Bayesian sensor fusion for cooperative object localization and world modeling. Proceedings of 8th Conference on Intelligent Autonomous Systems，Amsterdam，2004

[92] Santos J，Lima P. Multi-robot cooperative object localization decentralized Bayesian approach. RoboCup 2009：Robot Soccer World Cup XIII，2010：332-343

[93] Cánovas J P，LeBlanc K，Saffiotti A. Robust multi-robot object localization using fuzzy logic. RoboCup 2004：Robot Soccer World Cup VIII，LNAI 3276，2005：247-261

[94] Almeida L，Santos F，Facchinetti T，et al. Coordinating distributed autonomous agents with a real-time database：The CAMBADA project//Computer and Information Sciences-ISCIS 2004. Berlin：Springer，2004：876-886

[95] Liu Z，Zhao M，Shi Z，et al. Multi-robot cooperative localization through collaborative visual object tracking. RoboCup 2007：Robot Soccer World Cup XI，LNAI 5001，2008：41-52

[96] Grauman K，Leibe B. Visual object recognition. Synthesis Lectures on Artificial Intelligence and Machine Learning，2011，5(2)：1-181

[97] Marszalek M，Schmid C. Accurate object recognition with shape masks. International Journal of Computer Vision，2012，97(2)：191-209

[98] Mueller C A，Hochgeschwender N，Ploeger P G. Towards robust object categorization for mobile robots with combination of classifiers. RoboCup 2011：Robot Soccer World Cup XV，LNCS 7416，2012：137-148

[99] Mayer G，Kaufmann U，Kraetzschmar G，et al. Neural robot detection in RoboCup. Biomimetic Neural Learning，LNAI 3575，2005：349-361

[100] Kaufmann U，Mayer G，Kraetzschmar G，et al. Visual robot detection in RoboCup using neural networks. RoboCup 2004，Robot Soccer World Cup VIII，LNAI 3276，2005：262-273

[101] Silva H，Almeida J M，Lima L，et al. A real time vision system for autonomous systems：Characterization during a middle size match. RoboCup 2007：Robot Soccer World Cup XI，LNAI 5001，2008：504-511

第 2 章　足球机器人全向视觉系统设计与标定

由于全向视觉系统具有 360°的水平视场角,能够获取机器人周围场地的全景图像,经过图像处理可实现目标识别,并融合电机编码器等其他传感器信息实现机器人的自定位,以提供机器人决策控制所需要的环境感知信息,所以该系统已经成为中型组足球机器人最重要的传感器,目前几乎所有的中型组参赛队的足球机器人都装有全向视觉系统。本章主要讨论 RoboCup 中型组足球机器人全向视觉系统的设计与标定问题。

2.1　全向视觉概述

全向视觉技术源于全景图(panorama)这一概念,其最初主要涉及的内容包括艺术上的全景画、全景照相技术以及油画中出现的非平面反射镜等。随后,研究人员发明了越来越多的方法来获取真实环境的全景图,如发明了镜头能摇动的相机、能旋转的相机、带广角镜头的相机等。Benosman 等主编文献[1]中有关于这段有趣历史的详细介绍。

随着计算机技术和数字成像技术等的发展,目前主要出现了三种全向视觉系统:多摄像机拼接全向视觉系统、鱼眼镜头全向视觉系统以及折反射式全向视觉系统。文献[2]列出了大量的全向视觉系统及从事全向视觉系统研究和开发的主要研究机构的信息。

2.1.1　多摄像机拼接全向视觉系统

多摄像机拼接全向视觉系统是利用安装在不同位置上的多个摄像机同时采集图像,然后根据摄像机的空间几何关系对图像进行拼接的一种全向视觉系统。比较典型的有 RingCam 系统[3,4],如图 2.1(a)所示,该系统使用成正五边形分布的五个摄像机分别采集五个方向的图像,经拼接组合以后可以得到 3000×480 分辨率的全景图像,已经在视频会议等方面得到应用。该系统获得的全景图像如图 2.2 所示。另外一种特殊的多摄像机拼接系统是 Viewplus 公司推出的 Jupiter 立体全向视觉系统[5],如图 2.1(b)所示,该系统结构非常复杂,使用了 20 个成像单元,每个成像单元上安装有 3 个使用 CMOS 成像芯片的摄像机,如图 2.1(c)所示,通过这些成像单元在空间中的组合,可以得到空间中任意物体距离摄像机的深度信息,从而完成空间的三维绘制与重构任务。

　　多摄像机拼接成像的全向视觉系统所采集的图像分辨率很高,而且由于其使用普通镜头,所以成像畸变小。但其结构复杂,摄像机安装和标定难度较大,价格昂贵,一次采集得到的全景图像数据量巨大,例如,Jupiter 系统需要 10 台计算机分别处理 20 个成像单元一次采集的图像。因此,多摄像机拼接成像的全向视觉系统不适合在数据采集与处理能力有限,图像采集和处理实时性要求很高的自主移动机器人平台上使用。

(a) RingCam 全向视觉系统　　　　(b) Jupiter 全向视觉系统　　　　(c) Jupiter 成像单元

图 2.1　典型的多摄像机拼接全向视觉系统[3-5]

图 2.2　RingCam 全向视觉系统获得的全景图像[3]

2.1.2　鱼眼镜头全向视觉系统

　　鱼眼镜头全向视觉系统是指使用短焦距、超广角镜头实现全视角图像采集的视觉系统。鱼眼镜头的焦距一般小于 16mm,视角达到或超过 180°,可以观察到以镜头为球心的超过半球面范围内的场景。但这种成像方式存在很大的图像畸变,且畸变模型不满足平面透视投影约束[6],成像模型复杂,不同的鱼眼镜头成像模型也不同,将畸变图像恢复为无畸变的透视投影图像的难度较大。根据文献[7]中的研究,标定的精度会随着模型的复杂度增加而提高,但是这也会导致标定计算复杂度增加。另外,鱼眼镜头结构复杂,通常需要 10 余组镜片组合而成,需精密成型和装配,价格昂贵。因此鱼眼镜头大多用于数码相机,使照片透视汇聚感强烈,产生强大的视觉冲击力,使用 Sigma 8mm-f4-EX 鱼眼镜头的 Canon 相机及采集的全景图像如图 2.3 所示。这种视觉系统也较少应用于自主移动机器人。

(a) 带鱼眼镜头的相机　　　　　　　　　　　　(b) 采集的全景图像

图 2.3　使用 Sigma 8mm-f4-EX 鱼眼镜头的 Canon 相机及采集的全景图像[7]

2.1.3　折反射式全向视觉系统

折反射式全向视觉系统的出现,较好地解决了以上两种全向视觉系统存在的问题,得到了广泛的应用和研究。折反射式全向视觉系统主要由全向反射镜面和摄像机组成,环境入射光线经过全向反射镜面反射后,再经过摄像机镜头折射成像。这种全向视觉系统具有视场角宽广(水平方向 360°,垂直方向大于 90°)、成像迅速(一次曝光即可获得全景图像)、结构简单、价格适中等特点,能够很好地满足作为移动机器人视觉系统的要求。

根据文献[1]中的介绍,使用全向反射镜面和普通摄像机的全向视觉系统最早由 Rees 于 1970 年提出[8],使用一个双曲线形反射镜面得到全景图像,该图像能够恢复为普通投影图像。1990 年以来,计算机技术的进步使得在计算机中实时处理视频图像成为可能,研究人员研制开发了多种计算机或者机器人折反射全向视觉系统。Yagi 和 Kawato 设计了使用圆锥形反射镜面的全向视觉系统[9]。Hong 等使用球面反射镜组成全向视觉系统[10],以实现移动机器人的导航。使用该系统,机器人便于发现周围运动中的障碍,并实现自定位。随后,Yamazawa 等使用双曲线形反射镜面实现了全向视觉系统[11],并将全景图像恢复为普通透视图像,该系统被用作监控设备。Nayar 和 Baker 从理论上分析了全向视觉系统的成像特点,并设计了一套使用抛物线形反射镜面和远心镜头(telecentric lens,有时也称为正交投影镜头,即 orthographic lens)的全向视觉系统[12]。根据折反射式全向视觉单视点成像原理(2.2节将详细介绍),双曲线形全向视觉系统要求反射镜面的视点和摄像机镜头焦点分别位于双曲线的一对焦点上,且二者光轴重合,这对镜面加工和系统安装提出了很高的要求。Nayar 和 Baker 的全向视觉系统则不存在这个问题,只要保证远心镜头的中心轴与抛物线形镜面的旋转轴重合,就能满足单视点的成像。上述这几种典型的全向视觉系统的结构如图 2.4 所示。

研究人员还设计实现了多种其他反射镜面来构成全向视觉系统,如椭圆线形的反射镜面[1]、水平等比镜面[13]、垂直等比镜面[13]、角度等比镜面[13]以及各种组合镜面[14-16]等,以适应不同应用场合的要求。

由于折反射式全向视觉系统具有前面提到的许多优点,其在众多的计算机视觉相关领域中得到了广泛的应用,如视频会议[17]、环境监控[18,19]、三维重构[20,21]、虚拟现实[22]、机器人导航[23]、机器人自定位[24]等。当然,该系统视场角宽广的优点相应地也带来了成像分辨率降低和成像畸变增大的缺点,需要在应用中克服。

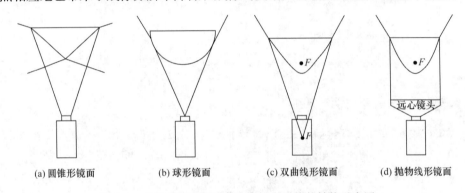

(a) 圆锥形镜面　　　　(b) 球形镜面　　　　(c) 双曲线形镜面　　　　(d) 抛物线形镜面

图 2.4　几种典型的折反射全向视觉系统的结构示意图

2.2　足球机器人全向视觉系统的设计

本节主要讨论折反射式全向视觉系统的设计,该问题也是全向视觉研究及应用的基础。首先介绍折反射式全向视觉系统的一般原理,并给出各种满足单视点成像的全向反射镜面的设计;然后根据单视点全向视觉系统的不足,结合 Robo-Cup 中型组足球机器人比赛的需要,设计实现一种新的由双曲线形镜面、水平等比镜面和垂直等比镜面组合而成的全向反射镜面,用其构建全向视觉系统,并命名为 NuBot 全向视觉系统。

2.2.1　单视点全向视觉系统的设计

本节从折反射式全向视觉的一般原理出发,详细介绍单视点全向视觉系统的设计。假设全向反射镜面存在一个有效的固定视点,位于 $(\hat{r}, \hat{z})$ 坐标系的原点,环境中的入射光线相交于该视点,又假设视觉系统所使用摄像机为透视成像摄像机,满足针孔成像模型,因此入射光线经过镜面反射后经过摄像机焦点,并成像于成像面。摄像机焦点与反射镜面视点之间的距离为 c。上述假设如图 2.5 所示。

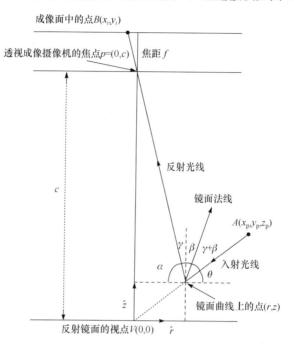

图 2.5　折反射全向视觉系统的一般成像原理示意图

设镜面点坐标为 (r,z),根据图 2.5,角度关系满足

$$\begin{cases} \gamma = 90° - \alpha \\ \alpha + \theta + 2\gamma + 2\beta = 180° \end{cases} \tag{2.1}$$

可以推出 $2\beta = \alpha - \theta$, 有

$$\frac{2\tan\beta}{1 - \tan^2\beta} = \frac{\tan\alpha - \tan\theta}{1 + \tan\alpha\tan\theta} \tag{2.2}$$

又有 $\tan\alpha = \dfrac{c-z}{r}$,$\tan\beta = -\dfrac{\mathrm{d}z}{\mathrm{d}r}$,$\tan\theta = \dfrac{z}{r}$,代入得

$$r(c-2z)\left(\frac{\mathrm{d}z}{\mathrm{d}r}\right)^2 - 2(r^2 + cz - z^2)\frac{\mathrm{d}z}{\mathrm{d}r} + r(2z-c) = 0 \tag{2.3}$$

式(2.3)的通用解为

$$\left(z - \frac{c}{2}\right)^2 - r^2\left(\frac{k}{2} - 1\right) = \frac{c^2}{4}\left(\frac{k-2}{k}\right), \quad k \geqslant 2 \tag{2.4}$$

$$\left(z-\frac{c}{2}\right)^2+r^2\left(1+\frac{c^2}{2k}\right)=\frac{2k+c^2}{4}, \quad k>0 \tag{2.5}$$

这两个方程定义了所有满足固定视点限制的镜面剖面曲线,选择不同的c、k值可以得到很多理论上的解。注意到,这里c和k具有一定的物理意义,必须根据应用的具体要求来选取,c表示摄像机焦点和镜面视点之间的距离,必须是大于零的,同时为了保证系统的紧凑性,又不能取得过大。选定了c之后,不同的k就决定了镜面的形状和曲率,应根据系统所需要满足的垂直视角来设计。当选择的c、k值不满足$c>0$、$k>0$的限制条件时,这些解是退化的,不能用来构成单视点的全向视觉系统。常见的单视点全向反射镜包括椭球形镜面、双曲线形镜面和抛物线形镜面,而锥形镜面和球形镜面是两组退化的解,不是单视点的。

事实上,不同的全向反射镜面构成的全向视觉系统是否具有单视点成像的特性,是由圆锥曲线的光学性质[25]决定的:由椭圆的一个焦点发出的光线,经椭圆作镜面反射后,一定通过它的另一个焦点;由双曲线的一个焦点发出的光线,经双曲线作镜面反射后,好像发自另一个焦点;由抛物线的焦点发出的光线,经抛物线作镜面反射后,平行于抛物线的轴。因此,上述三种圆锥曲线形的镜面能够用来构成单视点的全向视觉系统,椭球形镜面或双曲线形镜面的视点和透视成像摄像机的焦点即为椭圆或双曲线的一对焦点;而抛物线形镜面的视点为抛物线的焦点,该镜面需要与使用满足正交投影(orthographic projection)的远心镜头的摄像机配合才能组成单视点的全向视觉系统。

一些典型的全向反射镜面的参数设置情况及其特点可总结如下。

锥形镜面:在式(2.4)中,当$c=0$,$k\geq2$时,得到锥形全向反射镜面剖面曲线:$z=\sqrt{\dfrac{k-2}{2}r^2}$。这种镜面的优点是形状简单,容易加工,缺点是不具有单视点,在锥形顶点附近存在一定的观察盲区[26]。

球形镜面:在式(2.5)中,当$c=0$,$k>0$时,得到球形全向反射镜面剖面曲线:$z^2+r^2=\dfrac{k}{2}$。这种镜面的优点也是加工简单,缺点是不具有单视点,而且全景图像的失真严重,在距离机器人较远的位置上物体的成像非常小[26]。

椭球形镜面:在式(2.5)中,当$c>0$,$k>0$时,得到椭球形全向反射镜面剖面曲线:$\dfrac{1}{a_e^2}\left(z-\dfrac{c}{2}\right)^2+\dfrac{1}{b_e^2}r^2=1$,这里$a_e=\sqrt{\dfrac{2k+c^2}{4}}$,$b_e=\sqrt{\dfrac{k}{2}}$。椭球形镜面能够用于构成单视点全向视觉系统,当镜头焦点和镜面视点分别位于椭圆的两个焦点时,椭球形镜面满足单视点条件,而且椭球形镜面是一个凹面,成像时会出现左右方向的镜像效果。椭球形镜面成像的效果较好,但是加工和安装难度较大,当安装不能满足设计要求时,可能出现一个物体成多个像的现象[26]。

双曲线形镜面：在式(2.4)中，当 $c>0, k>2$ 时，得到双曲线形全向反射镜面剖面曲线：$\frac{1}{a^2}\left(z-\frac{c}{2}\right)^2-\frac{1}{b^2}r^2=1$，其中 $a=\frac{c}{2}\sqrt{\frac{k-2}{k}}$，$b=\frac{c}{2}\sqrt{\frac{2}{k}}$。双曲线形镜面的曲率和观察视角都随着 k 的增大而变大，而当 k 越趋近于 2 时，镜面越接近于平面。双曲线形镜面的优点是可与普通的透视成像摄像机构成廉价的单视点全向视觉系统，缺点是存在一定的安装难度，为了保证单视点的条件，必须保证双曲线的焦点位于镜头的光轴上，而且镜面视点与摄像机焦点之间的距离为 c；

抛物线形镜面：在式(2.4)中，当 $c\to\infty, k\to\infty, \frac{c}{k}=h, h$ 为常数时，对应的曲线为抛物线，而限制条件为要求摄像机镜头采用正交投影方式。抛物线形全向反射镜面的剖面曲线方程为 $z=\frac{h^2-r^2}{2h}$。该镜面和远心镜头（或长焦镜头）能够组成一个单视点全向视觉系统。这种系统的优点是安装比较简单，镜面和镜头之间的距离没有严格的限定，缺点是由于远心镜头通常价格昂贵而且尺寸较大，因此不利于构建一个紧凑和廉价的系统。

上述全向反射镜面的详细介绍及推导见参考文献[1]。

本书作者所在课题组基于 3ds Max 开发了一套全向视觉设计仿真软件，如图 2.6(a)所示，能对使用各种全向反射镜面构成全向视觉系统的成像效果进行仿真研究[26,27]。当仿真场景如图 2.6(b)所示为 12m×8m 的机器人足球场地时，分别使用锥形镜面、球形镜面、椭球形镜面、双曲线形镜面、抛物线形镜面构建的全向视觉系统成像输出如图 2.7 所示。仿真结果验证了上述结论。

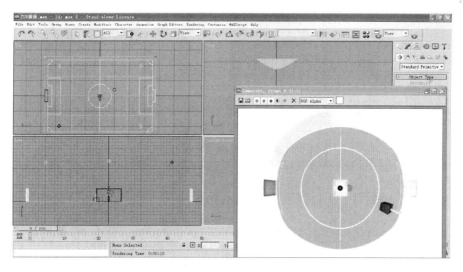

(a) 基于3ds Max的全向视觉设计仿真软件

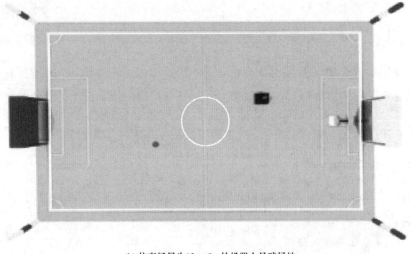

(b) 仿真场景为12m×8m的机器人足球场地

图 2.6　基于 3ds Max 的全向视觉设计仿真软件及仿真场景

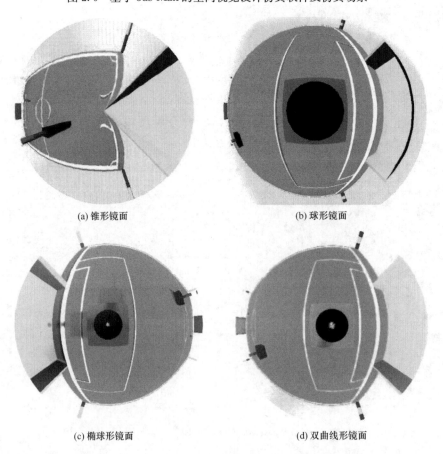

(a) 锥形镜面　　　　　　　　　　　　(b) 球形镜面

(c) 椭球形镜面　　　　　　　　　　　(d) 双曲线形镜面

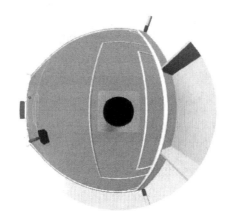

(e) 抛物线形镜面

图 2.7 分别使用锥形镜面、球形镜面、椭球形镜面、双曲线形镜面、抛物
线形镜面构建的全向视觉系统仿真输出的图像

2.2.2 NuBot 全向视觉系统的设计

2.2.1 节介绍了各种满足单视点成像的全向反射镜面的设计,这些镜面的共同特点是镜面形状简单,其剖面曲线能够用数学解析式精确描述,加工难度相对比较小,而使用这些镜面构成的全向视觉系统的主要缺陷是所获得的全景图像存在很大的桶形失真变形,目标成像的分辨率随着与视觉系统距离的增大而降低得很快,远处场景成像很小。使用双曲线形镜面构成的全向视觉系统在 $12\text{m} \times 7\text{m}$ 的 RoboCup 中型组比赛场地中采集的典型图像如图 2.8 所示。这种全向视觉系统对 RoboCup 中型组机器人足球比赛这样的应用来说,不利用足球机器人进行大范围的目标识别和精确测量。

针对上述单视点全向视觉系统的不足,研究人员提出了能满足全向视觉系统周围的环境各部分具有特定的成像分辨率需求的镜面设计方法[14,28],文献[13]还设计了三种成像分辨率不变的镜面,即水平等比镜面、垂直等比镜面和角度等比镜面,能够分别实现水平方向(与镜面旋转轴垂直)、垂直方向(与镜面旋转轴平行)和镜面入射光线角度上的成像分辨率不变。这三种镜面都不能用于构建满足单视点成像的全向视觉系统。本节首先介绍水平等比镜面和垂直等比镜面的设计,并在此基础上设计新的组合镜面,用于构建 NuBot 全向视觉系统。

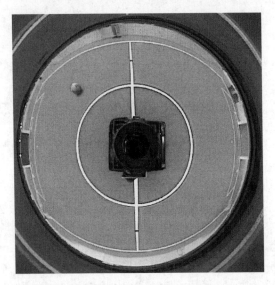

图 2.8　双曲线形镜面构成的全向视觉系统采集的典型全景图像

1. 水平等比镜面的设计

　　水平等比镜面是指当全向视觉系统竖直安装时,能满足水平面场景和所成图像中对应点之间的距离关系是等比例的一种镜面,镜面成像示意图如图 2.9 所示。$F(t)$ 为镜面剖面的函数,水平面上的到光轴距离为 d 的点 $P(d, 0)$ 成像于摄像机 CCD 上距离光轴 x 远处。

　　根据光线反射时入射角等于出射角的原理,$\varphi = \psi + \theta$,所以 $\tan(\varphi + \theta) = \tan(\psi + 2\theta)$,又因为 $\tan\theta = F'(t)$,$\tan\psi = x/f$,其中 f 为摄像机焦距,所以有

$$\frac{d-t}{F} = \left(\frac{x}{f} + \frac{2F'}{1-F'^2} \right) \Big/ \left(1 - \frac{x}{f} \times \frac{2F'}{1-F'^2} \right) \tag{2.6}$$

因为水平距离等比,所以可以设

$$d = ax + b, \quad a \gg b \tag{2.7}$$

由式(2.6)可得

$$zF'^2 + 2F' - z = 0$$

因为镜面为凸形镜面,故取其正根

$$F' = \frac{-1 + \sqrt{1 + z^2}}{z} \tag{2.8}$$

其中

$$z = \frac{tf - df + xF}{tx - dx - fF} \tag{2.9}$$

$$x = \frac{tf}{F - h - f} \tag{2.10}$$

将式(2.7)、式(2.9)、式(2.10)代入式(2.8)后所得的微分方程即描述了水平等比镜面的剖面曲线。该方程没有解析解,只有数值解。

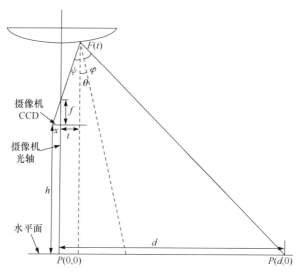

图 2.9 水平等比镜面设计示意图

2. 垂直等比镜面的设计

垂直等比镜面是指当全向视觉系统竖直安装时,能满足到摄像机光轴一定距离的垂直面场景和所成图像中的对应点之间的距离关系是等比例的一种镜面,镜面成像示意图如图 2.10 所示。$F(t)$ 为镜面剖面的函数,水平面上的到光轴距离为 r 的点 $P(r,0)$ 成像于摄像机 CCD 上距离光轴 x_0 处,该点上方高度 z 处的点 $P(r,z)$ 成像于摄像机 CCD 上距离光轴 x 远处。

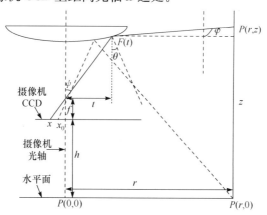

图 2.10 垂直等比镜面设计示意图

根据光线反射时,入射角等于出射角的原理,可推出 $\varphi=\psi+2\theta$,所以 $\tan\varphi=\tan(\psi+2\theta)$,又因为 $\tan\theta=F'(t)$, $\tan\varphi=-\dfrac{r-t}{z-F}$, $\tan\psi=\dfrac{x}{f}$,其中 f 为摄像机焦距,所以有

$$-\frac{r-t}{z-F}=\left(\frac{x}{f}+\frac{2F'}{1-F'^2}\right)\bigg/\left(1-\frac{x}{f}\times\frac{2F'}{1-F'^2}\right) \tag{2.11}$$

因为垂直距离等比,所以可以设 $r=C$ 时

$$z=a(x-x_0)+b, \quad a\gg b \tag{2.12}$$

由式(2.11)可得

$$F'^2+2aF'-1=0$$

因为镜面为凸形镜面,故取其正根

$$F'=-a+\sqrt{a^2+1} \tag{2.13}$$

其中

$$a=\frac{fz-fF+xt-xC}{xF-xz+ft-fC} \tag{2.14}$$

$$x=\frac{tf}{F-h-f} \tag{2.15}$$

将式(2.12)、式(2.14)、式(2.15)代入式(2.13)后所得的微分方程即描述了垂直等比镜面的剖面曲线。与水平等比镜面情况一样,该方程只有数值解。

3. 新的组合镜面的设计及 NuBot 全向视觉系统实现

鉴于水平等比镜面和垂直等比镜面分别具有使水平场景和一定距离处的垂直场景成像的分辨率不变的良好特性,而单独的水平等比镜面和垂直等比镜面又分别有使垂直场景和水平场景的成像失真较大的不足,且单独的水平等比镜面的高度视野太小,无法观察到远处具有一定高度的物体,所以本书作者所在课题组根据设计组合镜面以满足不同场景成像要求的思想[16,29],结合这两种镜面的优点,并弥补相互的不足,设计了一种组合镜面[30,31],其内侧部分为水平等比镜面,外侧部分为垂直等比镜面。根据全向视觉系统的不同应用场合和应用要求,通过调整镜面设计参数,使用 MATLAB 工具可以求解出镜面剖面曲线的数值解,在求解过程中,使两部分镜面剖面曲线的斜率在镜面组合的连接处连续。最终所设计的镜面使水平等比部分能观察到 6.5m 远的距离,而垂直等比部分在 6.5m 远处能观察到 1m 高度的物体。使用该组合镜面的全向视觉系统在 12m×8m 的 RoboCup 中型组比赛场地中采集的典型图像如图 2.11 所示,此时装有该全向视觉系统的机器人位于场地的中心。从图中可以看出,所设计的组合镜面可使距机器人较近的范围内的水平场地的成像保持原始形状,该范围内的图像无须校正,这样物体之间在图

像上的距离乘以一个固定系数就能得到其在水平场地上的实际距离,而且较远处的物体成像高度上变形较小,因此该镜面能很好地满足机器人足球赛的要求,即能够利用近处场景的成像来实现精确的目标识别和机器人自定位,而利用远处场景的成像实现准确的目标识别。

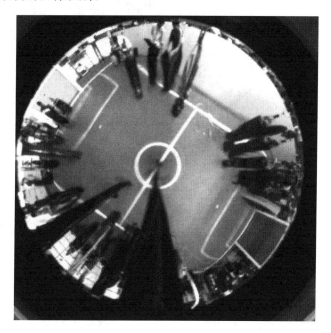

图 2.11　使用由水平等比和垂直等比镜面组合而成的镜
面的全向视觉系统采集的典型图像

　　但是,上述组合镜面还存在一定的缺陷,即离机器人非常近的场景成像效果较差。如图 2.11 所示,机器人自身在全景图像中几乎没有成像。该缺陷主要是由该镜面最内侧部分精确加工的难度较大造成的。由于双曲线形镜面的加工难度较小,所以将上述组合镜面中最内侧的部分替换为 2.2.1 节中的双曲线形镜面,以解决其存在的问题。新设计的组合镜面由内至外分别由双曲线形镜面、水平等比镜面和垂直等比镜面组成[32,33],镜面剖面曲线如图 2.12(a)所示。同样,在设计过程中需要保证各部分镜面的剖面曲线的斜率在镜面组合的连接处连续。镜面设计时,理论上其双曲线形部分在水平面上能观察到 0.95m 远的距离,水平等比部分在水平面上能观察到 6.9m 远的距离,垂直等比部分在 6.9m 距离处能观察到的最大高度为 1.06m。加工出来的镜面如图 2.12(b)所示。使用 2.2.1 节介绍的基于 3ds Max 仿真软件进行成像仿真,输出图像如图 2.13 所示。仿真场景为 18m×12m 的机器人足球比赛场地。

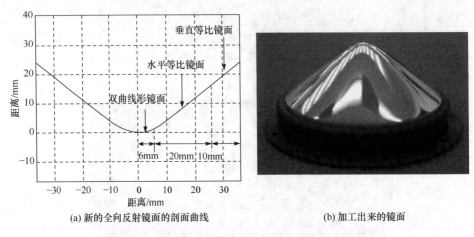

(a) 新的全向反射镜面的剖面曲线　　　　　　(b) 加工出来的镜面

图 2.12　新设计的组合镜面剖面曲线及镜面实物图

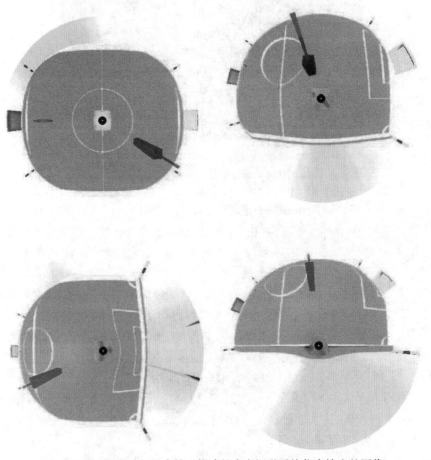

图 2.13　由新设计的组合镜面构建的全向视觉系统仿真输出的图像

　　使用该镜面的 NuBot 全向视觉系统由镜面、石英玻璃筒、彩色数字摄像机、摄像机安装座、系统调节机构等组成,如图 2.14(a)所示,其中的系统调节机构[34]主要用于调节视觉系统的高度和姿态,以实现视觉系统能够被竖直地安装在所设计的理论高度上,以实现对周围环境较理想的成像效果。安装该系统的 NuBot 中型组足球机器人[35]如图 2.14(b)所示。视觉系统的各种参数如表 2.1 所示。

　　NuBot 全向视觉系统在 18m×12m 的 RoboCup 中型组足球机器人比赛标准场地中采集到的典型全景图像如图 2.15 所示,其中机器人分别位于场地中的不同位置。从图中可看出,新设计的 NuBot 全向视觉系统既保持了原先系统的优点,即能够实现机器人近处水平场景的成像分辨率不变且远处垂直场景的成像变形较小,又避免了原系统的缺陷,对接近机器人的周围场景包括机器人自身也具有清晰的成像。

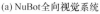

(a) NuBot全向视觉系统　　　　　　　(b) NuBot足球机器人

图 2.14　NuBot 全向视觉系统及使用该系统的 NuBot 足球机器人

表 2.1　NuBot 全向视觉系统参数表

系统参数	参数值	系统参数	参数值
系统直径	86mm	摄像机焦点到镜面视点的距离	12.5cm
镜面直径	72mm	摄像机输出帧速率	30 帧/s,最高 90 帧/s
镜面厚度	25mm	图像的最大分辨率	659×493 像素
安装高度	64.5cm	CCD尺寸	1/3in*
电源	直流 12V	摄像机接口	IEEE 1394a
功耗	2.5W	图像数据输出格式	YUV422/YUV411/RGB24

　* 1in=2.54cm

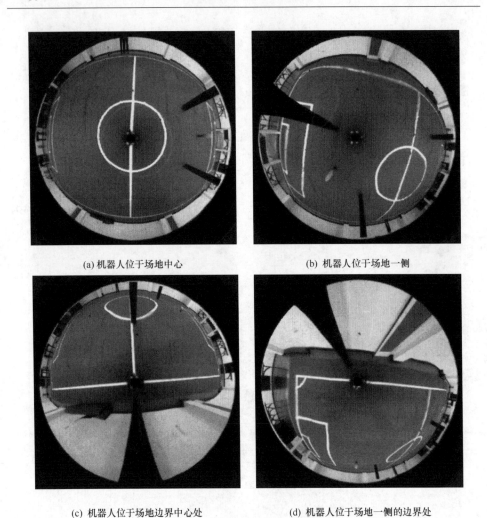

(a) 机器人位于场地中心　　　　　　　　　　(b) 机器人位于场地一侧

(c) 机器人位于场地边界中心处　　　　　　(d) 机器人位于场地一侧的边界处

图 2.15　机器人位于场地不同位置时 NuBot 全向视觉系统采集的全景图像

2.3　足球机器人全向视觉系统的标定

　　本节首先介绍针对单视点全向视觉系统标定问题的大量研究成果,然后根据 NuBot 全向视觉系统不满足单视点成像的特点,采用一种免模型的全向视觉标定思想,设计并实现标定算法,完成该视觉系统较为精确的从图像坐标系到视觉系统体坐标系的距离映射标定,最后给出标定实验和机器人视觉自定位实验的结果以验证该标定算法的有效性。

2.3.1　单视点全向视觉系统的标定

　　视觉系统的标定是指确定从三维空间点到视觉系统的摄像机成像平面上的二维图像点之间映射关系的参数。视觉系统只有经过标定后才能应用于视觉感知测量、环境三维重建、视觉系统自身运动的估计等计算机视觉任务，而且标定的精度也直接决定其应用效果的好坏。全向视觉系统也不例外，由于全向视觉系统所得到的全景图像与普通透视图像相比较，其分辨率更低，具有严重的变形，所以其标定问题就显得更为重要。

　　由于满足单视点成像的全向视觉系统具有很好的特性，即全景图像中的每一点都唯一地对应于全向反射镜面上一条来自环境中的入射光线，如图 2.5 所示，所以基于成像模型的全向视觉标定方法得到了大量的研究，也取得了很多的成果。目前已有的标定方法大致可分为两类：已知环境的先验知识的方法[6,36-40]和无须使用环境先验知识的方法[7,41-43]。第一类方法需要已知全向视觉系统所处环境中的一系列空间点的三维坐标，并且这些空间点所对应的图像点要能够比较容易地自动提取出来(或者手动提取出来)，称这些空间点为控制点。这些控制点往往通过在环境中设置标定块来获得，利用控制点的三维空间坐标和对应图像点的二维图像坐标之间的关系即可恢复出全向视觉系统成像模型中的内外参数。由于需要确定控制点的三维空间坐标和二维图像坐标，所以标定过程较为烦琐。在环境中没有控制点的情况下，该类方法需要已知空间中的若干组互相平行的直线，利用这些直线在全向视觉中所成像的圆锥曲线的交点(平行直线在全景图像中的 vanishing point 即灭点)的性质标定出全向视觉系统的内部参数信息[38,39]，其标定思想主要是基于由 Geyer 和 Daniilidis 提出的各种单视点全向视觉系统统一的成像模型，该模型的详细介绍参见文献[44]。在标定过程中，这些直线之间的相对位置及直线与全向视觉系统之间的相对位置是无须知道的。Ying 和 Hu[45,46]推导出一条直线投影二次曲线提供关于全向视觉系统内部参数的三个独立约束方程，以及一条球的投影二次曲线提供关于系统内部参数的两个独立约束方程，进而提出了一种新的基于几何不变量的全向视觉系统标定方法，并得到结论为：基于球投影不变量的方法能得到更加鲁棒的标定结果。Wu 等[47]还提出了一种线性的单视点全向视觉系统标定方法，通过至少三条直线在一幅全景图像中的成像信息即可同时标定出全向视觉系统除主点外的所有内部参数。第二类方法也称为自标定方法，该方法利用多幅图像对应点对之间的极线几何约束关系[48]来标定全向视觉系统。各种单视点全向视觉系统的极线几何是基于各自成像模型的，详细推导参见文献[48]和[49]。该方法的优点是无须使用标定块，也无须知道环境的任何先验信息，缺点是必须能够鲁棒精确地获得图像之间的对应点对。

　　除了上述研究成果，Mei 和 Scaramuzza 还各自设计实现了 MATLAB 环境中的用于标定单视点全向视觉系统的工具箱[50-52]，均可从其各自研究组的网站[53,54]免费下载使用。这两个工具箱使用的标定方法均属于第一类标定方法，全向视觉系统进行标定之前需要采集若干幅包含有棋盘格状标定板的全景图像，如图 2.16 (a)所示。二者最大的区别在于使用不同的成像模型，其中 Mei 工具箱使用的是 Geyer 和 Daniilidis 提出的各种单视点全向视觉系统的统一的成像模型[44]，而 Scaramuzza 工具箱则是使用 Micusik 等提出的成像模型[7]，该模型将全向视觉标定问题看成求解全景图像中的图像点与一条由全向反射镜面的视点所射出的光线矢量之间的关系，如图 2.16(b)所示。同时 Scaramuzza 还将该成像模型进一步简化，将图 2.16(b)中的 $f(u,v)$ 函数作泰勒级数展开，最终推导出 $f(u,v)$ 可表示成如下多项式的形式：

$$f(\rho)=a_0+a_1\rho+a_2\rho^2+a_3\rho^3+a_4\rho^4+\cdots,\quad \rho=\sqrt{u^2+v^2} \qquad (2.16)$$

式(2.16)中的多项式系数即为要标定的未知参数。上述成像模型的不同也造成了标定算法和操作细节的不同，如 Mei 工具箱需要根据镜面自身在全景图像中所成像的边缘信息来拟合出图像中的镜面圆周，进而确定图像的成像中心，而 Scaramuzza 工具箱可根据标定控制点使用迭代算法优化得到；Scaramuzza 工具箱则需要逐一手动地确定标定板中的一系列棋盘格交点作为标定控制点初始值，而 Mei 工具箱仅需要手动确定标定板中矩形棋盘格四周的四个拐角点，根据成像模型即可自动提取出棋盘格中所有的交点作为标定控制点。

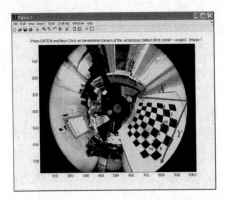
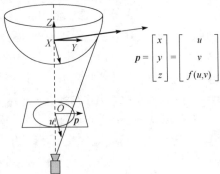

(a) 全向视觉标定工具箱标定操作界面　　　　　(b) Scaramuzza工具箱所使用的成像模型

图 2.16　单视点全向视觉系统标定工具箱[53]

2.3.2　NuBot 全向视觉系统的标定

根据 2.3.1 节的描述，近十年来满足单视点成像的全向视觉系统的基于模型的标定方法得到了较为深入的研究，并且 Mei 和 Scaramuzza 等分别开发了用于此类全向视觉系统标定的 MATLAB 工具箱。但这些标定方法在实现过程中都假设全向视觉系统满足单视点成像模型,且成像具有各向同性,即镜面是一个标准的由剖面曲线绕镜面中心轴旋转而成的旋转曲面,且中心轴与摄像机光轴共线。由于在实际应用中经常需要根据不同的需求设计全向反射镜面,可能使得有些视觉系统从设计之初就不满足单视点成像模型,如 2.2 节中所设计的 NuBot 全向视觉系统。受视觉系统安装精度的影响,镜面中心轴与摄像机主轴难以实现严格重合,再加上镜面加工精度等因素的影响,视觉系统不能严格满足成像具有各向同性的条件,故上述假设往往并不成立,这会给标定精度带来很大影响,甚至使得标定结果在应用中无法使用。文献[55]研究了不满足单视点成像模型的全向视觉系统的标定方法,取消了镜面中心轴与摄像机主轴重合的约束,但仍然假设镜面具有各向同性。文献[56]提出了一种利用插值基点进行插值计算以实现全向视觉系统的免模型标定的思想,这种插值计算思想的引入,使得在标定过程中无须用到系统的模型信息,也不再需要系统满足上述假设。

　　NuBot 全向视觉系统被用作 NuBot 中型组足球机器人最重要的传感器,机器人通过全向视觉系统获得足球场地的全景图像,实现场地中的障碍物和足球等目标的识别与定位,并提取出场地白色标志线信息完成机器人的自定位。要利用全向视觉系统实现上述目标,首先需要对其进行准确标定。由于 NuBot 全向视觉系统不满足单视点成像的特点,所以本书借鉴文献[56]提出的免模型的标定思想,设计并实现了一种与全向视觉系统成像模型无关的标定算法[57],该算法不要求视觉系统满足单视点成像模型或全向反射镜面各向同性的约束。在该算法中,首先以颜色分割、区域生长和 Canny 边缘检测方法为核心的图像处理算法被用于提取标定板的边缘点,得到标定所需的插值基点,然后二维平面插值计算被分解为两步一维的分段 Lagrange 插值,使插值计算得到有效简化,以得到全景图像每个像素点的图像坐标到参考平面上视觉系统体坐标系坐标的距离映射从而实现标定。通过在 NuBot 足球机器人中的实际应用,证明该算法具有较高的标定精度,并对提高机器人的视觉自定位精度起到了重要的作用,验证了标定算法的有效性和实用性。由于标定过程中无须用到全向视觉系统的成像模型,因此该标定算法适用于各种折反射式全向视觉系统的标定。

1. 标定问题描述

　　设图像坐标系 $O_1\rho_1\theta_1$ 和参考平面上的全向视觉系统体坐标系 $O\rho\theta$ 都为极坐标系,并以全向视觉系统中心在图像中的投影点为图像坐标系原点。定义的图像坐标系如图 2.17(a)所示。$O_1\rho_1\theta_1$ 中任意一点 P' 可用极坐标表示为 $P'(\rho_{1P'}, \theta_{1P'})$,$P'$ 点所对应的 $O\rho\theta$ 中的点 P 可用极坐标表示为 $P(\rho_P, \theta_P)$,全向视觉系统的标定即需确定 $P'(\rho_{1P'}, \theta_{1P'})$ 与 $P(\rho_P, \theta_P)$ 之间的映射关系。根据全向视觉系统的成像原理,目标在 $O_1\rho_1\theta_1$ 中的角度即为其在 $O\rho\theta$ 中的角度,故有 $\theta_{1P'} = \theta_P$,则全向视觉系统的标定只需要确定 P' 点的 $\rho_{1P'}$ 分量到 P 点的 ρ_P 分量的映射关系 $\rho_P = f(\rho_{1P'})$ 即可。考虑到图像坐标值的离散性,可以通过建立查找表的方式来表示图像坐标到全向视觉系统体坐标系坐标的距离映射关系。

所设计的标定方法利用一块条形标定板对全向视觉系统进行标定,标定板由黑白相间的色块组成,并在末端设置灰色色标,各色块宽度根据标定的精度要求和系统所使用的全向反射镜面的结构特点设定,使其成像宽度适中,且基本一致,如图 2.17(a)所示。标定开始前,标定板起始端放置于全向视觉系统中心在参考平面的投影位置,在参考平面上向外延伸,并将末端的部分色块垂直于地面放置,以减小对标定板长度的要求。标定过程中,全向视觉系统绕自身中心轴旋转(即机器人自身在旋转),在全景图像中预设方向 $\theta_{1i}(i=0,1,2,\cdots,n-1)$ 上进行边缘提取获取标定板色块的边缘点,这样就使条形标定板近似地与一个铺满整个场地的环形标定板等效,大大简化了标定板的制作,于是获得图像坐标到全向视觉系统体坐标系坐标距离映射关系已知的一系列图像坐标点。利用这些坐标点作为插值基点进行插值计算,即可得到图像坐标系中任意坐标到视觉系统体坐标系坐标的映射关系,从而完成全向视觉系统的标定。

选择 RoboCup 中型组比赛场地地面作为全向视觉系统体坐标系所在的参考平面,当进行全向视觉系统标定时,标定板在全向视觉中的成像效果如图 2.17(a)所示,背景为 18m×12m 的 RoboCup 中型组标准比赛场地。参考平面上标定板色块边缘与全向视觉系统中心的距离可以根据标定板的设计直接得到,末端垂直于地面放置的色块边缘相对于全向视觉系统在地面上的等效距离可以通过简单的三角计算得到[58]。

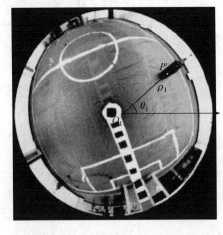
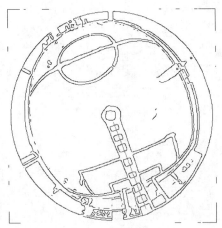

(a) 全景图像及标定板(标定板上的点为提取出的边缘点)　　　(b) 全景图像的边缘提取结果

图 2.17　NuBot 全向视觉系统标定示意图

2. 与模型无关的标定算法设计

1) 插值基点提取的图像处理算法

在图像坐标系的 $0° \sim 360°$ 以均匀间隔选择 n 个方向 $\theta_{1i}(i = 0, 1, 2, \cdots, n-1)$，图像处理算法的任务就是在每个方向上提取出标定板色块的 m 个边缘点作为插值基点。

在全向视觉系统标定过程中，全向视觉系统绕自身中心轴以一定角速度旋转，并实时地采集全景图像，以使得标定板中轴线在图像坐标系中的角度分量发生相应变化。对实时采集的全景图像进行颜色分割[59]，提取出图像中被分割为灰色色标的部分像素，并利用区域生长方法获得整个色标区域，然后计算色标区域中心 $C'(\rho_{1C'}, \theta_{1C'})$。当 $|\theta_{1C'} - \theta_{1i}|$ 小于阈值 $\delta_{C'}$ 时，即认为标定板中轴线在图像坐标系中的角度分量达到 θ_{1i}，于是利用 Canny 边缘检测方法[60] 对全景图像进行边缘提取，准确获取标定板色块的单边缘图像，然后从全景图像中心开始提取图像中角度分量为 θ_{1i} 的 m 个边缘点，即为图 2.17(b) 所示线段所覆盖的边缘点。这些边缘点对应的全向视觉系统体坐标系下坐标的距离分量可以根据标定板色块的宽度直接得到。通过全向视觉系统连续的 k 次旋转，全向视觉系统实现全景图像 n 个方向上插值基点的 k 次采样，然后对每个插值基点的 k 个样本进行聚类分析，去除可能为错误样本的 k' 个样本，并进行均值滤波处理，以 $k - k'$ 个样本的图像坐标均值作为插值基点的图像坐标值。插值基点提取算法流程如图 2.18 所示。

2) 利用插值基点进行插值计算

在获得上述插值基点后，对于图像坐标系中任意像素点 $P'(\rho_{1P'}, \theta_{1P'})$，及其对应的全向视觉系统体坐标系中的点 $P(\rho_P, \theta_P)$，选取 P' 邻近的 l 个采样方向，每个方向上 r 个插值基点 $P'_{ij}(\rho_{1P'_{ij}}, \theta_{1i})(i = 0, 1, \cdots, l; j = 0, 1, \cdots, r)$，作为计算 ρ_P 的插值基点，其对应的全向视觉系统体坐标系中的点分别为 $P_{ij}(\rho_{P_{ij}}, \theta_{1i})$。然后使用两步分段 Lagrange 插值的方法进行二维平面上的插值，计算 $\rho_{1P'}$ 到 ρ_P 的映射 $\rho_P = f(\rho_{1P'})$，从而完成全向视觉系统的标定。

第一步，分别在 $\theta_{1i}(i = 0, 1, \cdots, l)$ 方向上选取距离分量在 $\rho_{1P'}$ 附近的点 $P'_{ij}(\rho_{1P'_{ij}}, \theta_{1i})(j = 0, 1, \cdots, r)$ 作为插值基点，对距离分量为 $\rho_{1P'}$ 的点 $P'_i(\rho_{1P'}, \theta_{1i})$ 进行 Lagrange 插值计算得到 ρ_{P_i}：

$$\rho_{P_i} = \sum_{k=0}^{r} \left[\rho_{P_{ik}} \cdot \prod_{\substack{j=0 \\ j \neq k}}^{r} \frac{(\rho_{1P'} - \rho_{1P'_{ij}})}{(\rho_{1P'_{ik}} - \rho_{1P'_{ij}})} \right] \qquad (2.17)$$

第二步，利用 $P'_i(i = 0, 1, \cdots, l)$ 作为插值基点，对 $P'(\rho_{1P'}, \theta_{1P'})$ 进行 Lagrange 插值计算得到 P 在全向视觉系统体坐标系下的距离 ρ_P：

$$\rho_P = \sum_{i=0}^{l} \left[\rho_{P_i} \cdot \prod_{\substack{j=0 \\ j \neq i}}^{r} \frac{(\theta_{1P'} - \theta_{1j})}{(\theta_{1i} - \theta_{1j})} \right] \qquad (2.18)$$

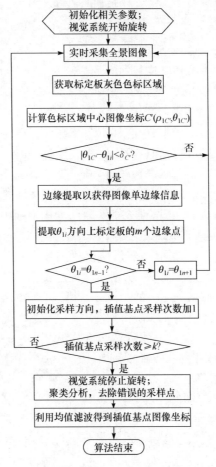

图 2.18　插值基点提取算法流程图

上述插值方法将二维图像平面上的插值分解为两步一维的 Lagrange 插值：第一步为图像坐标系径向方向上的插值，第二步为图像坐标系圆周方向上的插值。这样的设计利用了全向视觉系统全向反射镜面近似为旋转曲面的结构特性，使二维平面插值计算得到有效简化。

3. 实验结果与分析

1) 标定结果分析

在对 NuBot 全向视觉系统进行标定时，通过机器人绕全向视觉系统中心轴以一定的角速度稳定旋转，实现全向视觉系统的旋转，并对前一部分的参数取值如下：$m=15, n=16, k=10, l=r=4$。机器人的旋转角速度可根据机器人性能具体设定，只要能保证全向视觉系统所采集的图像不模糊即可。图 2.19 显示了标定后得到的距离映射等值线图,该图直观地反映了全向视觉系统在各个方向上成像的差异。对于图中任意一个色环,色环上每个像素点所对应的全向视觉系统体坐标系下坐标的距离分量都相差在一个很小的范围内,以实现等值线的绘制。黑点表示插值基点所在的像素位置,其对应的体坐标系下坐标根据标定板的色块宽度得到,图像坐标系中其他坐标点对应的全向视觉系统体坐标系下坐标则是利用这些黑点作为插值基点插值得到的。理论上所有等值线应为圆形,但受视觉系统安装精度、镜面加工精度等因素影响,得到的等值线在部分区域会出现形变。图中从内到外的前六个色环上插值基点所对应的体坐标系下的距离分量分别为 50、85、105、140、165、215(单位为 cm)。图 2.19(a)所示的全向视觉系统各方向的成像一致性较好,但仍然可以看出,各向并非严格一致。而 NuBot 机器人的另一套全向视觉系统的标定结果如图 2.19(b)所示,各向一致性较差,根据插值基点所对应的体坐标系距离分量可知,与 $\theta_1 = 270°$ 方向上第四个色环上的点在图像坐标系中距离分量相同的像素点,其所对应的体坐标系距离分量相差能够达到 70cm 以上,可见如果仍然假设全向视觉系统的成像具有各向同性,会极大地降低标定的精度。

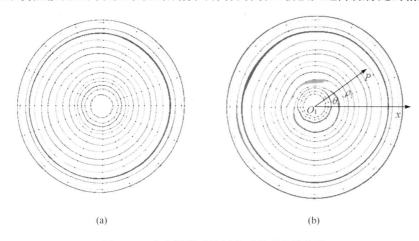

(a)　　　　　　　　　　　　　(b)

图 2.19　全向视觉系统标定后得到的等值线

在全向视觉系统标定完成后,将全景图像的图像坐标映射到全向视觉系统体坐标系下,并对变换后缺失的像素点利用插值的方法进行填充,即可分析标定算法的有效性。为了更清楚地显示标定结果,只对图像中心区域部分进行上述映射变换。同时,根据镜面的设计模型也可以实现将全景图像的图像坐标变换到全向视觉系统体坐标系下,即得到了基于镜面设计模型的距离映射结果,具体推导见文献[58]。基于镜面设计模型的距离映射结果和使用所设计的与模型无关的标定算法进行标定后的距离映射结果分别如图 2.20(a)和(b)所示。从图中可看出,基于镜面设计模型的距离映射结果与实际场地相比存在很大的偏差,利用与模型无关的标定算法对全向视觉系统进行标定后的距离映射结果与实际的场地情况比较吻合，表明了该标定算法的准确性。同时也可以看出，即使是使用该标定算法，对图像坐标系中距离分量较大的点进行距离映射时也会出现偏差，这是由边缘提取精度、插值间隔选取、距离较大处成像分辨率出现降低等因素引起的，距离分量越大，对边缘提取精度的影响越大，故针对不同应用场合的精度需求，需要合理设计标定板的色块宽度，使得插值基点以合理的间隔分布。

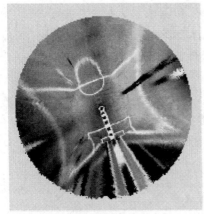

(a) 使用镜面设计模型得到的结果　　　　　　(b) 使用与模型无关的标定算法得到的结果

图 2.20　使用镜面设计模型和与模型无关的标定算法标定后的距离映射结果比较

2）新的标定算法对机器人自定位精度的影响

将根据镜面设计模型得到的距离映射结果和使用与模型无关的标定算法进行全向视觉系统标定后得到的距离映射结果分别应用于 NuBot 足球机器人的视觉自定位实验，可进一步验证所设计的标定算法的有效性。机器人的视觉自定位算法详细介绍参见第 6 章。机器人首先需要提取出全景图像中的场地白色标志线点，并测量其在机器人体坐标系中的坐标值，再使用自定位算法实现机器人在比赛场地中的自定位。而白色标志线点的视觉测量精度直接由其图像坐标到机器人体坐标系坐标的距离映射决定，即由全向视觉系统标定的精度决定，因此标定精度对机器人自定位精度具有很大的影响。

图 2.21 显示了 NuBot 机器人在 RoboCup 中型组标准比赛场地上利用全向视觉进行自定位实验的结果。在定位过程中，机器人被动地沿着图中黑线所示的轨迹移动，图中深灰色曲线则表示机器人运动过程中实时获得的位置自定位值的轨迹。图 2.21(a)为机器人根据镜面设计模型得到从图像坐标到机器人体坐标的距离映射并进行机器人自定位实验的结果，深灰色曲线与黑线有较为明显的偏移；

图 2.21(b)为使用与模型无关的标定算法对 NuBot 全向视觉系统进行标定后,使用相同的自定位算法进行实验的结果,深灰色曲线偏移黑线的情况得到了改善,即机器人自定位的精度得到了提高。

表 2.2 是上述机器人自定位实验的定位误差统计数据。进行对比可见,使用与模型无关的算法对全向视觉系统进行标定后,机器人视觉自定位值各分量的误差绝对值和均方差都相对减小,定位精度有了较大的提高,这也验证了所设计的标定算法的有效性和实用性。

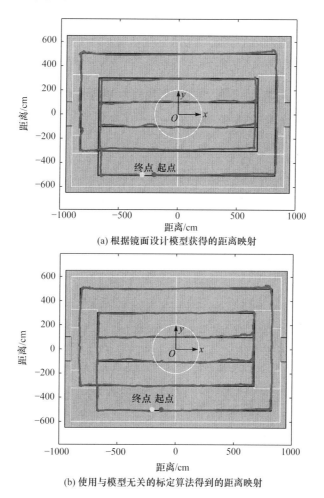

(a) 根据镜面设计模型获得的距离映射

(b) 使用与模型无关的标定算法得到的距离映射

图 2.21　机器人使用不同距离映射情况下基于全向视觉的自定位实验结果

表 2.2　机器人使用不同的距离映射的情况下基于全向视觉的自定位误差统计结果

定位值　误差指标　标定方法	使用与模型无关的算法标定			根据镜面设计模型获得的距离映射		
	平均误差	均方差	最大误差	平均误差	均方差	最大误差
x 坐标/cm	5.907	7.334	30.724	14.058	16.098	47.662
y 坐标/cm	5.967	7.117	35.595	9.236	10.136	33.958
朝向 θ/rad	0.044	0.052	0.286	0.048	0.063	0.494

2.4　本章小结

　　本章首先介绍了折反射式全向视觉系统的一般原理,并根据该原理给出了各种满足单视点成像的全向反射镜面的设计,然后根据单视点全向视觉系统的不足,并结合 RoboCup 中型组足球机器人比赛的需要,设计实现了一种新的由双曲线形镜面、水平等比镜面和垂直等比镜面组合而成的全向反射镜面,并用其构建了NuBot 全向视觉系统,并提供了一个设计全向视觉系统的典型范例。最后介绍了针对单视点全向视觉系统标定问题的大量研究成果,并根据 NuBot 全向视觉系统不满足单视点成像的特点,采用一种免模型的全向视觉标定思想,设计并实现了具体的与全向视觉系统成像模型无关的标定算法,完成了该视觉系统较为精确的距离映射标定。标定实验结果和机器人基于全向视觉的自定位实验结果均验证了该标定算法的有效性。

参 考 文 献

[1] Benosman R,Kang S B. Panoramic Vision:Sensors,Theory and Applications. Berlin:Springer-Verlag,2001

[2] http://www. cis. upenn. edu/~kostas/omni. html[2014-11-01]

[3] Nanda H,Cutler R. Practical calibrations for a real-time digital omnidirectional camera. Proceedings of CVPR 2001,Technical Sketch,2001

[4] Cutler R,Rui Y,Gupta A,et al. Distributed meetings:A meeting capture and broadcasting system. Proceedings of the Tenth ACM International Conference on Multimedia,Juan les Pins,2002:503-512

[5] http://www. viewplus. co. jp/product/09/05. html[2014-11-01]

[6] 英向华. 全向摄像机标定技术研究. 北京:中国科学院自动化研究所博士学位论文,2004

[7] Micusik B. Two View Geometry of Omnidirectional Cameras. Prague:Ph. D. Thesis of Czech Technical University,2004

[8] Rees D W. Panoramic Television Viewing System:US. US3505465 A,1970

［9］ Yagi Y,Kawato S. Panorama scene analysis with conic projection. Proceedings of IEEE International Workshop on Intelligent Robots and Systems,Ibaraki,1990:181-187

［10］ Hong J, Tan X, Pinette B, et al. Image-based homing. Proceedings of IEEE International Conference on Robotics and Automation,Sacramento,1991:620-625

［11］ Yamazawa K,Yagi Y,Yachida M. Omnidirectional imaging with hyperboloidal projection. Proceedings of the 1993 IEEE/RSJ International Conference on Intelligent Robots and Systems,Tokyo,1993:1029-1034

［12］ Nayar S K,Baker S. Catadioptric image formation. Proceeding of DAPAR Image Understanding Workshop,New Orleans,1997:1431-1437

［13］ Gaspar J,Decco C,Okamoto Jr J,et al. Constant resolution omnidirectional cameras. Proceedings of Third Workshop on Omnidirectional Vision,Copenhagen,2002:27-34

［14］ Marchese F M,Sorrenti D G. Mirror design of a prescribed accuracy omnidirectional vision system. Proceedings of Third Workshop on Omnidirectional Vision, Copenhagen, 2002: 136-142

［15］ Menegatti E,Nori F,Pagello E,et al. Designing an omnidirectional vision system for a goal keeper robot. RoboCup 2001:Robot Soccer World Cup V,2002:193-213

［16］ Marchese F M,Sorrenti D G. Omni-directional vision with a multi-part mirror. RoboCup 2000:Robot Soccer World Cup IV,2001:179-188

［17］ Peri V,Nayar S K. Generation of perspective and panoramic video from omnidirectional video. Proceedings of DARPA Image Understanding Workshop,New Orleans,1997:243-246

［18］ Boult T E,Gao X,Micheals R,et al. Omni-directional visual surveillance. Image and Vision Computing,2004,22(7):515-534

［19］ Menegatti E,Cavasin M,Mumolo E,et al. Combining audio and video surveillance with a mobile robot. International Journal on Artificial Intelligence Tools,2007,16(2):377-398

［20］ Sturm P. A method for 3d reconstruction of piecewise planar objects from single panoramic images. Proceedings of IEEE Workshop on Omnidirectional Vision, Hyatt Regency, 2000: 119-126

［21］ Bunschoten R,Kröse B. Robust scene reconstruction from an omnidirectional vision system. IEEE Transactions on Robotics and Automation,2003,19(2):351-357

［22］ Menegatti E,Pretto A,Tonello S,et al. A robotic sculpture speaking to people. Proceedings of 2007 IEEE International Conference on Robotics and Automation,Roma,2007:3122-3123

［23］ Gaspar J,Winters N,Santos-Victor J. Vision-based navigation and environmental representations with an omnidirectional camera. IEEE Transactions on Robotics and Automation, 2000,16(6):890-899

［24］ Menegatti E,Pretto A,Scarpa A,et al. Omnidirectional vision scan matching for robot localization in dynamic environments. IEEE Transactions on Robotics,2006,22(3):523-535

［25］ 叶其孝,沈永欢. 实用数学手册. 2 版. 北京:科学出版社,2006

［26］ 刘伟. Robocup 中型组机器人全景视觉系统设计与实现. 长沙:国防科学技术大学硕士学位

论文,2004

[27] 刘伟,刘斐,郑志强.用于机器人足球赛的全景视觉设计仿真.计算机仿真,2005,22(11): 190-192

[28] Hicks R A,Bajcsy R. Catadioptric sensors that approximatewide-angle perspective projections. Proceedings of IEEE Workshop on Omnidirectional Vision, Hyatt Regency, 2000: 97-103

[29] Lima P,Bonarini A,Machado C,et al. Omni-directional catadioptric vision for soccer robots. Robotics and Autonomous Systems,2001,36(2/3):87-102

[30] 卢惠民,刘斐,郑志强.一种新的用于足球机器人的全向视觉系统.中国图象图形学报, 2007,12(7):1243-1248

[31] 卢惠民.机器人全向视觉系统自定位方法研究.长沙:国防科学技术大学硕士学位论文,2005

[32] Lu H,Yang S,Zhang H,et al. A robust omnidirectional vision sensor for soccer robots. Mechatronics,2011,21(2):373-389

[33] 卢惠民.自主移动机器人全向视觉系统研究.长沙:国防科学技术大学博士学位论文,2010

[34] 海丹.全向移动平台的设计与控制.长沙:国防科学技术大学硕士学位论文,2005

[35] Yu W,Lu H,Lu S,et al. NuBot team description paper 2010. RoboCup 2010,Singapore,CD-ROM,2010

[36] Cauchois C,Brassart E,Delahoche L,et al. Reconstruction with the calibrated syclop sensor. Proceedings of the IEEE International Conference on Intelligent Robots and Systems, Takamatsu,2000:1493-1498

[37] Bakstein H,Pajdla T. Panoramic mosaicing with a 180 field of view lens. Proceedings of IEEE Workshop on Omnidirectional Vision,Copenhagen,2002:60-67

[38] Geyer C,Daniilidis K. Paracatadioptric camera calibration. IEEE Transactions on Pattern Analysis and Machine Intelligence,2002,24(5):687-695

[39] Geyer C,Kostas D. Catadioptric projective geometry. International Journal of Computer Vision,2001,45(3):223-243

[40] Geyer C,Kostas D. Catadioptric camera calibration. Proceedings of the IEEE International Conference on Computer Vision,Kerkyra,1999:398-404

[41] Kang S B. Catadioptric self-calibration. Proceedings of IEEE International Conference on Computer Vision and Pattern Recognition,Hilton Head Island,2000:201-207

[42] Micusik B,Pajdla T. Estimation of omnidirectional camera model from epipolar geometry. Proceedings of the IEEE International Conference on Computer Vision and Pattern Recognition,Madison,2003:485-490

[43] Micusik B,Pajdla T. Para-catadioptric camera auto-calibration from epipolar geometry. Proceedings of the Asian Conference on Computer Vision,Singapore,2004:748-753

[44] Geyer C,Daniilidis K. A unifying theory for central panoramic systems and practical implications. Proceedings of ECCV 2000,LNCS 1843,Dublin,2000:445-461

[45] Ying X, Hu Z. Catadioptric camera calibration using geometric invariants. IEEE Transactions on Pattern Analysis and Machine Intelligence,2004,26(10):1260-1271

[46] Ying X, Hu Z. Catadioptric camera calibration using geometric invariants. Proceedings of the Ninth IEEE International Conference on Computer Vision,Nice,2003:1351-1358

[47] Wu F,Duan F,Hu Z,et al. A new linear algorithm for calibrating central catadioptric cameras. Pattern Recognition,2008,41(10):3166-3172

[48] Svoboda T,Pajdla T. Epipolar geometry for central catadioptric cameras. International Journal of Computer Vision,2002,49(1):23-37

[49] Svoboda T. Central panoramic cameras design,geometry,egomotion. Prague:Ph. D. Thesis of Czech Technical University,1999

[50] Scaramuzza D,Martinelli A,Siegwart R. A toolbox for easily calibrating omnidirectional cameras. Proceedings to IEEE/RSJ International Conference on Intelligent Robots and Systems,Beijing,2006:5695-5701

[51] Scaramuzza D,Martinelli A,Siegwart R. A flexible technique for accurate omnidirectional camera calibration and structure from motion. Proceedings of the Fourth IEEE International Conference on Computer Vision Systems,New York,2006

[52] Mei C,Rives P. Single view point omnidirectional camera calibration from planar grids. Proceedings of the 2007 IEEE International Conference on Robotics and Automation,Roma,2007:3945-3950

[53] https://sites. google. com/site/scarabotix/ocamcalib-toolbox[2014-11-01]

[54] http://www. robots. ox. ac. uk/~cmei/Toolbox. html[2014-11-01]

[55] Colombo A,Matteucci M,Sorrenti D G. On the calibration of non single viewpoint catadioptric sensors. RoboCup 2006:Robot Soccer World Cup X,LNAI 4434,2007:194-205

[56] Voigtländer A,Lange S,Lauer M,et al. Real-time 3d ball recognition using perspective and catadioptric cameras. Proceedings of 2007 European Conference on Mobile Robots,Freiburg,2007

[57] 杨绍武,卢惠民,张辉,等. 一种与模型无关的全向视觉系统标定方法. 计算机工程与应用,2010,46(25):203-206

[58] Lu H,Zhang H,Xiao J,et al. Arbitrary ball recognition based on omni-directional vision for soccer robots. RoboCup 2008:Robot Soccer World Cup XII,2009:133-144

[59] Liu F,Lu H,Zheng Z. A modified color look-up table segmentation method for robot soccer. Proceedings of the 4th IEEE LARS/COMRob 07,Monterry,2007

[60] Canny J. A computational approach to edge detection. IEEE Transactions on Pattern Analysis and Machine Intelligence,1986,8(6):679-698

第 3 章 机器人足球中的颜色编码化目标识别

RoboCup 中型组比赛环境是一个颜色编码化的环境,而视觉系统是足球机器人最重要的传感器,能够基于视觉识别橙色足球、绿色场地、白色标志线、黑色机器人等目标是足球机器人的基本能力。RoboCup 的最终目标是机器人足球队能够打败人类足球世界冠军,足球机器人迟早要能够在光线条件高度动态的室外环境下进行足球比赛,而且目前的比赛规则对室内比赛环境的光线条件的限制也越来越少,自然光线对比赛环境的影响越来越大,因此如何使足球机器人的视觉系统能够在动态的光线条件下鲁棒地识别各种彩色目标,成为足球机器人视觉目标识别的主要研究内容。

本章首先介绍基于图像熵的摄像机参数自动调节算法,在定义图像熵后,通过实验验证图像熵能够有效地表征摄像机参数是否设置恰当,进而介绍如何根据图像熵完成摄像机参数的自动调节,以使得视觉系统输出的图像具有一定的恒常性,提高机器人视觉系统对光线条件变化的鲁棒性;然后针对全景图像颜色分类分割问题,提出一种基于线性分类器的混合颜色空间查找表颜色分类方法,解决已有的颜色查找表分类方法的区分能力受颜色空间选择、阈值确定等因素影响而难以区分近似颜色的问题,将模式识别中的线性分类器思想应用于颜色查找表映射关系的建立,并通过同时使用 HSI 空间与 YUV 空间的方法提高查找表对近似颜色的区分能力;最后研究在上述颜色分类的基础上,如何鲁棒地提取和识别各种颜色编码化目标,如足球、白色标志线、黑色障碍物等。

3.1 摄像机参数自动调节

在计算机/机器人视觉领域,如何使视觉系统能够在动态的光线条件下鲁棒地工作仍然是一个很具有挑战性的课题[1]。目前主要有两类方法可用于提高视觉系统的鲁棒性[2]。第一类方法是在视觉系统的图像采集阶段,通过自动调整摄像机参数以使摄像机的图像输出适应光线条件的变化,并使图像能够尽可能恒常地描述其所处的环境。本章中的摄像机参数是指摄像机的图像获取参数,如光圈、曝光时间、增益等,而不是摄像机标定中的摄像机内外参数。第二类方法是在视觉系统的图像处理阶段,包含了很多具体的算法,如有些研究人员使用 Retinex 算法[3]等处理和变换图像以取得图像的某种颜色恒常性[4,5],也有些研究人员设计了自适应的或者鲁棒的目标识别算法[6,7],因此图像可以被鲁棒地分析和理解。

在本节中,作者尝试通过使用第一类方法来实现摄像机在不同光线条件下图像输出的鲁棒性和自适应性[8-10],同时通过本问题的研究也为视觉系统/摄像机的参数设置提供一个客观的标准,因为一般情况下,当视觉系统进入一个新的工作环境时,摄像机参数需要由用户根据主观经验来手动设定。本节定义图像熵作为摄像机参数自动调节的优化指标,提出一种新的基于图像熵的摄像机参数自动调节技术,并使用第 2 章中设计的 NuBot 全向视觉系统在 RoboCup 中型组室内比赛环境和室外的类似 RoboCup 环境中测试所提出的算法。

本节内容安排如下:首先在 3.1.1 节中介绍该问题的相关研究;接着在 3.1.2 节中给出图像熵的定义,并通过实验验证图像熵能够有效地表征图像质量和摄像机参数是否被合适地设置;3.1.3 节提出基于图像熵的摄像机参数自动调节算法;3.1.4 节给出使用全向视觉系统在室内外环境中进行实验的实验结果;3.1.5 节则拓展了算法的应用范围,将其应用于普通的透视摄像机,并调节更多的摄像机参数;3.1.6 节为小结。

3.1.1　相关研究

在数码相机及家用数码摄像机中,研究人员提出了一些参数调节机制来提高成像效果,如改变光圈或者快门时间实现自动曝光[11]、自动白平衡[12]和自动聚焦[13]等。在一些多斜率响应摄像机中,研究人员通过自动曝光控制调整响应曲线,使摄像机的动态响应范围自适应于不同的光线条件[14]。但是这些方法都是基于摄像机硬件层面的,由于无法对机器人视觉系统的大多数摄像机(除了一些特殊的硬件支持的摄像机)的内部硬件进行操作,所以也就无法使用这些方法。本节试图通过外部软件来调节摄像机支持的一些参数,以提高视觉系统在不同光线条件下的成像效果。目前一些相关的研究主要是在 RoboCup 中型组中。RoboCup 中型组机器人足球赛是一个可用于机器人视觉相关问题研究的标准测试平台。尽管最新的比赛规则发生了一些重大的变化,如将黄/蓝色球门变成类似人类比赛中的球网,彩色的立柱也取消了,但是其比赛环境仍然基本是颜色编码化的。而 Robo-Cup 的最终目标是机器人足球队能够打败人类世界冠军,机器人将需要能够在光线条件高度动态的环境甚至是户外环境中进行比赛,因此如何使设计的视觉系统能够鲁棒地识别颜色编码化的目标仍然是 RoboCup 研究人员的一个研究重点。除了自适应的颜色分割方法[6]、颜色在线学习算法[15,16]和不依赖颜色信息的目标识别算法[17,18],一些研究人员还试图通过调节摄像机参数来实现视觉传感器的鲁棒性。文献[19]将摄像机参数调节问题定义为一个优化问题,并使用遗传算法来最小化人工选定的图像区域中像素的实际颜色值和理论颜色值的距离,以获得该问题的最优解。由于理论颜色值被用作参考值,所以来自光线条件的影响可以被消除,但是该方法需要人工地选择一些特殊的图像区域作为参考信息。文献[20]

设计了一组 PID 控制器,根据在全向视觉系统的成像中始终可见的白色区域的像素颜色值来调整摄像机参数,如增益、光圈和两个白平衡通道。文献[21]设计了 PI 控制器来调整曝光时间,把参考绿色区域的颜色值调整到期望的颜色值。文献[22]提出了根据整幅图像的亮度信息和图像中已知的黑色和白色区域的信息来自动设置其全向视觉系统的摄像机参数,如曝光时间、增益和白平衡等,但是该方法要求在场地上事先放置各一块黑色和白色的色板,因此只能用于比赛前的离线调节标定。上述这些方法在摄像机参数调节过程中都需要使用某些参考颜色,因此限制了其在其他更多场合的应用。

3.1.2　图像熵及其与摄像机参数的关系

摄像机参数的设置会极大地影响视觉系统输出图像的质量。以本书设计使用的 NuBot 全向视觉系统的摄像机为例,只有曝光时间和增益可以调节(自动白平衡已经在摄像机中实现,因此不考虑白平衡)。摄像机使用不同参数时,输出的图像如图 3.1 所示。图 3.1(a)和(c)中的图像质量比图(b)差很多,因为它们分别是在曝光不足和过度曝光的情况下采集到的,而图(b)中的图像则曝光适当。图 3.1(a)和(c)中的图像不能较好地描述环境,可以认为它们提供的信息量少于图(b)中的信息量。因此曝光不足和过度曝光都会造成图像信息量的损失[23]。

根据香农信息论[24],信息量可以通过熵来度量,并且熵会随着信息量的增加而增大。因此使用图像熵来度量图像质量,并且假设输出图像的熵能够表征摄像机参数的设置是否合理。本节后续部分将首先给出图像熵的定义,再通过实验来分析不同摄像机参数下的图像熵的分布情况以验证该假设。

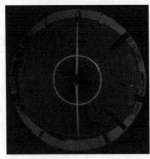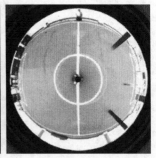

(a) 曝光时间为5ms　　　　　　(b) 曝光时间为18ms　　　　　　(c) 曝光时间为40ms

图 3.1　使用不同的曝光时间时 NuBot 全向视觉系统采集到的图像

其中摄像机增益均为 18

1. 图像熵的定义

使用香农熵来定义图像熵。由于 RGB 颜色空间是一个由三原色构成的线性颜色空间,而且其颜色值在彩色摄像机的 CCD 或者 CMOS 感知后直接获得,无须经过颜色变换,所以该颜色空间比 YUV、HSV 等其他颜色空间更加适合用于计算图像熵。图像熵定义如下:

$$E_c = -\sum_{Ri=0}^{L-1} P_{Ri} \ln P_{Ri} - \sum_{Gi=0}^{L-1} P_{Gi} \ln P_{Gi} - \sum_{Bi=0}^{L-1} P_{Bi} \ln P_{Bi} \qquad (3.1)$$

式中,$L=256$ 是 RGB 通道颜色值的离散化级数,而 P_{Ri}、P_{Gi}、P_{Bi} 为图像中 Ri、Gi、Bi 颜色值存在的概率,可以使用 Ri、Gi、Bi 存在的频率来近似,因此可以根据一幅图像在 R、G、B 三个颜色通道中的颜色直方图分布来计算。假设图像中红色分量值为 Ri 的像素数量为 N_{Ri},而图像共有 N 个像素,则 $P_{Ri} = N_{Ri}/N$。P_{Gi} 和 P_{Bi} 也可类似地求出。关于图像颜色直方图的更多细节请参看文献[25]。灰度图像中关于图像熵的一些类似的定义可参见文献[2]、[13]、[23]、[26]~[29],这些文献中的图像熵被用于度量图像的质量或者图像处理的质量。

根据式(3.1),有 $0 = \min(E_c) \leqslant E_c \leqslant \max(E_c) = -3\sum_{i=0}^{256-1} \frac{1}{256} \ln \frac{1}{256} = 16.6355$,图像熵随着图像中颜色值分布的平均程度而单调递增。

2. 图像熵与摄像机参数的关系

使用全向视觉系统分别在室内和室外环境中获取一系列不同曝光时间和增益下的全景图像,并根据式 (3.1) 计算所有图像的图像熵,即可分析图像熵如何随摄像机参数变化。室内环境是一个标准的 $18\text{m} \times 12\text{m}$ 的 RoboCup 中型组比赛场地,其光线条件不仅取决于室内的照明灯,而且可能会通过大量的玻璃窗户受到自然光线极大的影响。室外环境则包含了两块蓝色的色板和室内环境的一些成分,如一块绿色的地毯、两个橙色的足球和黑色的障碍物等。本节中的所有全向视觉系统的实验(即 3.1.5 节除外)都将在这两个环境中进行。由于这两个环境的光线条件完全不同,而所使用的摄像机的动态响应范围有限,所以在室内外环境中分别使用具有不同光圈设置(镜头光圈只能通过手动调整)的两套全向视觉系统(即两个足球机器人)进行实验。

在室内环境实验中,曝光时间的取值范围为 5~40ms,增益的取值范围为 5~22。实验的时间为夜晚,因此光线条件为仅有照明灯,不受自然光线的影响。在户外环境实验中,曝光时间的取值范围为 1~22ms,增益的取值范围为 1~22。天气为多云,实验时间为中午。两个参数的最小调节步骤分别为 1ms 和 1。实验过程中,每设置一组摄像机参数后均抓取一幅全景图像。在这两个环境中,图像熵随着摄像机参数变化而变化的情况分别如图 3.2 和图 3.3 所示。

　　从图 3.2 和图 3.3 可以看出,在两个实验中,图像熵随着摄像机参数变化而变化的情况是相似的,图像熵分布图中存在一条岭曲线(图 3.2 和图 3.3 中的深灰色曲线)。沿着该岭曲线的图像熵几乎是相等的,不存在明显的极大值。那么该岭曲线上的哪个图像熵表征了最佳图像,或者是否岭曲线上的所有图像熵所对应的图像对机器人视觉来说都是合适的图像?

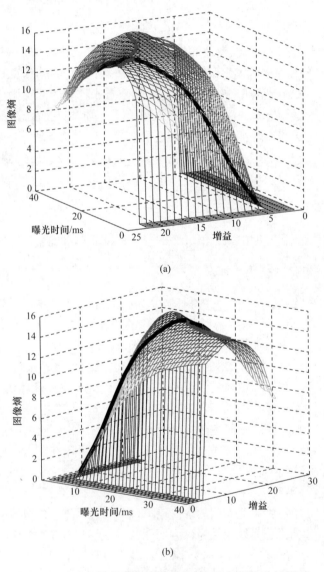

图 3.2　室内环境中图像熵随曝光时间和增益变化的情况

(a)和(b)为不同视角下的同一结果

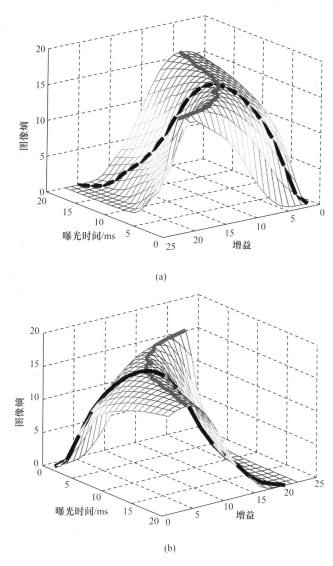

(a)

(b)

图 3.3　室外环境中图像熵随曝光时间和增益变化的情况

(a)和(b)为不同视角下的同一结果

　　由于全景图像是用于处理和分析以实现目标识别、自定位或者其他机器人视觉任务的,所以图像的质量可使用下述方法来测试:从岭曲线中的某个图像熵对应的图像中学习颜色标定结果[30],用来分割岭曲线中的所有图像熵对应的图像,并使用文献[7]中提出的算法来检测图像中的白线点。白线点信息对足球机器人的视觉自定位非常重要。在两个实验中,岭曲线上的图像熵对应的典型全景图像及其图像处理结果分别如图 3.4 和图 3.5 所示。

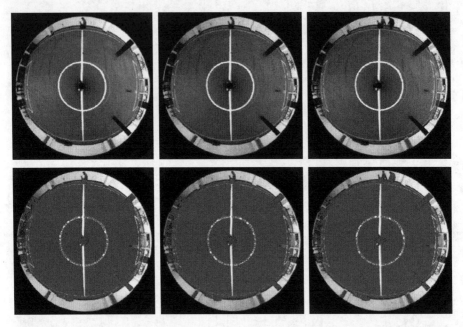

图 3.4　室内环境实验中对应于岭曲线上图像熵的典型图像(上行)及其处理结果(下行)

摄像机参数:(左)曝光时间:34ms,增益:13;(中)曝光时间:18ms,增益:18;(右)曝光时间:14ms,增益:21

图 3.5　室外环境实验中对应于岭曲线上图像熵的典型图像(上行)及其处理结果(下行)

摄像机参数:(左)曝光时间:17ms,增益:5;(中)曝光时间:9ms,增益:9;(右)曝光时间:2ms,增益:18

从图 3.4 和图 3.5 可以看出,所有的全景图像都能使用相同的颜色标定结果完成很好的分割,在此基础上足球机器人能够成功地完成目标识别。沿着岭曲线的所有图像熵对应的图像都能够实现同样的处理结果。因此这些图像虽然是在不同的摄像机参数下获得的,但是对机器人视觉来说都是合适的,也可以说这些图像具有某种颜色恒常性。该结果也意味着对应于岭曲线上图像熵的所有曝光时间和增益参数对机器人视觉来说都是可接受的,因此也就验证了前面的假设,即图像熵能够有效地表征摄像机参数是否被合理地设置。

3.1.3　基于图像熵的摄像机参数自动调节算法

根据 3.1.2 节的实验和分析,对机器人视觉来说,图像熵能够有效地表征图像质量及摄像机参数是否设置合理,因此摄像机参数调节问题可定义成一个优化问题,并以图像熵作为优化目标。但如图 3.2 和图 3.3 所示,沿着岭曲线上的所有图像熵几乎都是一样的,要搜索出全局最优解几乎是不可能的。同时摄像机参数自身也会影响视觉系统的性能,如曝光时间的增大会降低视觉系统的实时性能,而增益的增大则会增大图像中的噪声。因此该优化问题中还要考虑曝光时间和增益本身的因素,但这些参数的影响又是很难直接度量的,在图像熵上叠加一些指标函数或者约束函数几乎是不可能的。

考虑到对应于岭曲线上的图像熵的所有图像对机器人视觉来说都是合适的,通过定义某种搜索路径,可将二维的优化问题转换为一维的优化问题。由于 RoboCup 中型组比赛是一个高度动态和颜色编码化的环境,高曝光时间和低增益会造成系统实时性能的降低,而低曝光时间和高增益会给图像带来更多的噪声,进而造成颜色分割和其他图像处理结果变差。因此曝光时间和增益之间需要进行折中考虑,两个值均不宜取得过高。根据所使用摄像机的参数范围,搜索路径定义为"曝光时间＝增益"(由于曝光时间单位为 ms,增益无单位,所以仅是在数值上相等),沿着这条路径搜索最大的图像熵,对应于该图像熵的摄像机参数即为当前环境和当前光线条件下的最优参数。室内和室外环境下的搜索路径分别如图 3.2 和图 3.3 中的黑色曲线所示。沿着该路径的图像熵的分布情况则如图 3.6 所示。

从图 3.6 可看出,图像熵具有一个很好的性质,即图像熵会沿着所定义的搜索路径单调上升到达最大值后,再单调下降,因此全局最大的图像熵可以很容易搜索到,同时也就获得了最优摄像机参数。图 3.6(a) 中的最优曝光时间和增益分别为 18ms 和 18;图 3.6(b) 中的最优曝光时间和增益分别为 9ms 和 9。

根据全向视觉的成像特性,机器人自身会成像于全景图像的中心部分。因此在实际应用中,机器人可以通过计算图像中心区域的亮度均值来判断机器人是否进入了一个新的工作环境,或者当前环境中的光线条件是否发生了变化。如果该均值的增幅超过某一阈值,机器人就认为光线条件变得更强烈,因此摄像机参数的

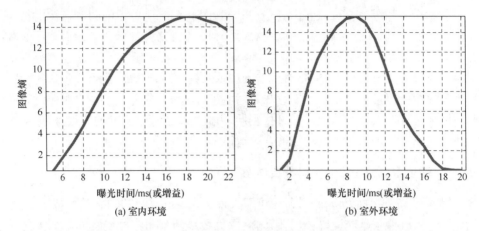

图 3.6　室内外环境中图像熵沿着所定义的搜索路径的分布图

优化过程将沿着搜索路径并朝曝光时间和增益减小的方向进行。类似地,如果该均值的降幅超过该阈值,优化过程则沿着搜索路径并朝曝光时间和增益增大的方向进行。在实验中,该阈值设为 20。在优化过程中,图像中心区域的亮度均值不需要重新计算,其变化情况也无须考虑。得到最优摄像机参数后,该亮度均值才被重新计算和保存,并与新的该值进行比较,以判断是否需要进行摄像机参数的调节优化。由于光线条件不会一直变化,所以该判断只需每隔一定时间进行一次。

　　机器人位于场地中的不同位置时,其所获得的图像中包含的内容是不同的,搜索路径上的最大图像熵会随着机器人位置的变化而变化。因此一旦机器人发现需要进行摄像机参数调节,它将停在场地上直至摄像机参数调节过程完成。而且根据后面 3.1.4 节中的讨论,摄像机参数调节最多在几百毫秒内即可完成,在该优化过程中,机器人的周围环境可被近似认为是静态的,图像熵只随着摄像机参数的变化而变化,因此图像熵的最大值和最优摄像机参数可以很容易地搜索得到,摄像机参数的优化不受机器人周围环境的影响。本书也将通过实验验证在静态环境中优化得到的摄像机参数,在高度动态的环境中也是很理想的参数,实验情况及结果详见 3.1.4 节。

　　在优化过程中,一组新的摄像机参数被设置到摄像机中,然后机器人获取一幅新的全景图像,并根据式(3.1)计算其图像熵。新的图像熵用于和上一优化步骤中得到的图像熵进行比较,以判断最大值是否已经达到。该迭代过程一直持续直至搜索到了最大图像熵。在如何选择新的参数上,本算法使用了变步长技术以加速搜索过程。当前的图像熵距离 $\max(E_c)$ 不大时,优化步长设为 1,即曝光时间的变化为 1ms,增益的变化为 1;当前图像熵距离 $\max(E_c)$ 较大时,优化步长可设为 2 或者 3。

　　根据不同的摄像机特性及不同应用场合对视觉系统的不同要求,摄像机参数需要沿着不同的搜索路径进行调节优化。例如,不同的摄像机具有差异很大的增益范围,有些摄像机的增益为 0～50,有些的增益范围则可能为 0～4000。因此搜索路径可定义为"曝光时间＝α×增益"(也是仅数值上相等),参数 α 可在分析摄像机增益对图像的影响后确定。如果摄像机的参数范围与本节使用的摄像机类似,某些场合要求图像的信噪比较高但对视觉系统实时性方面没有太高的要求,则搜索路径可定义为"曝光时间＝α×增益",其中 $\alpha>1$;如果另外一些场合要求摄像机尽可能快地输出图像,而对图像噪声的要求不严格,此时搜索路径可定义为"曝光时间＝α×增益",其中 $\alpha<1$。

3.1.4　实验结果与分析

本节分别在室内外环境中的不同光线条件下测试 3.1.3 节提出的摄像机参数自动调节算法的有效性。实验过程中仍然使用 3.1.2 节中得到的颜色标定结果来处理全景图像,以验证摄像机参数是否被适当地设置。

1. 室内环境实验及结果

本实验进行的时间为中午,且天气为多云,室内环境的光线条件同时取决于照明灯和自然光线。实验中的光线条件可通过逐步关闭一些日光灯来改变。本实验使用 3.1.2 节室内实验中得到的颜色标定结果来为足球机器人处理图像。当所有的日光灯都打开,摄像机使用 3.1.3 节中的最优参数时输出的图像和处理结果如图 3.7 所示。图像被过度曝光,图像颜色分割和处理的结果也很不理想。而摄像机参数使用本章提出的算法自动调节优化后,视觉系统输出的图像和处理结果如图 3.8(a)和(b)所示,搜索路径上的图像熵分布情况则如图 3.8(c)所示。最优曝

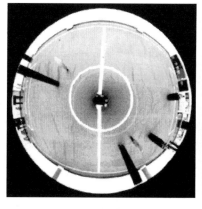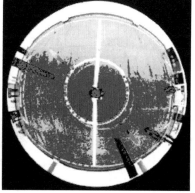

(a) 输出图像　　　　　　　　　　　　　　(b) 处理结果

图 3.7　室内环境中摄像机参数未优化时输出的图像及处理结果

光时间和增益分别为 14ms 和 14,图像被适当曝光,图像颜色分割和处理的结果也很好。当光线条件逐步改变时,摄像机参数优化后所采集到的图像均曝光适当,图像处理的结果也很好。

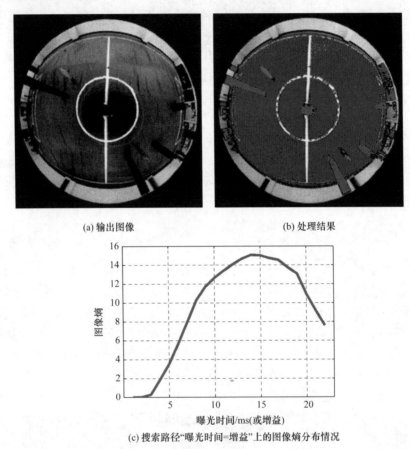

(a) 输出图像　　　　　　　　　　　　　(b) 处理结果

(c) 搜索路径"曝光时间=增益"上的图像熵分布情况

图 3.8　室内环境中摄像机参数优化后输出图像、处理结果及搜索路径上的图像熵分布情况

　　除了上述实验,还在这个环境中开展了变化的光线条件下基于全向视觉的足球机器人自定位实验,以测试经过摄像机参数自动调节后,机器人的视觉自定位是否对光线条件的变化具有鲁棒性,进而从另一个方面来验证本章提出的算法的有效性。机器人自定位算法和实验结果的介绍参见第 6 章。

　　本节也在高度动态的环境中测试了上述在静态环境中获得的最优摄像机参数的有效性。静态环境中全向视觉系统使用最优摄像机参数(曝光时间:14ms,增益:14)时输出的全景图像及图像处理结果如图 3.9 第 1 列所示。当环境中的机器人、足球和障碍物均处于快速运动的状态时,其中机器人的最大运动速度达 3.5m/s,障碍物被人快速地移动,即环境变得高度动态时,全向视觉系统使用同样的摄像机参数获得的典型全景图像及图像处理结果如图 3.9 的第 2 列和第 3 列所示。图像处理所使用的颜色标定结果也是完全相同的。从图中可看出，即使环境变得高度动态，全向视觉系统获得的图像质量仍然很高，图像处理的结果也很好，因此该实验验证了在静态环境中优化得到的摄像机参数，在高度动态的环境中也是很理想的参数。

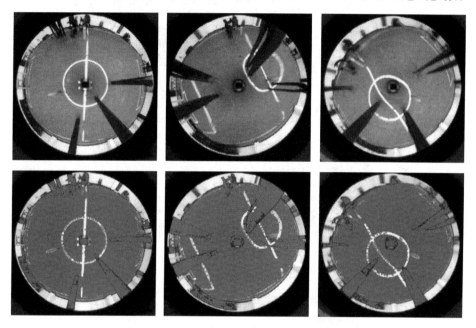

图 3.9　全向视觉系统使用静态环境中得到的最优摄像机参数时在静态环境
（第 1 列）和动态环境（第 2 列和第 3 列）中输出的图像及图像处理结果

2. 室外环境实验及结果

本实验中，天气晴朗，实验时间为从中午到傍晚，因此光线条件会发生由强到弱的变化。3.1.2 节室外实验中得到的颜色标定结果被用来处理图像。当实验时间为下午 4 点时，摄像机使用 3.1.3 节中的最优参数时输出的图像和处理结果如图 3.10 所示。图像曝光不足，颜色分割和处理的结果也不理想。而摄像机参数使用本章提出的算法自动调节优化后，视觉系统输出的图像和处理结果如图 3.11(a) 和 (b) 所示，搜索路径上的图像熵分布情况则如图 3.11(c) 所示。最优曝光时间和增益分别为 12ms 和 12，图像被适当曝光，图像颜色分割和处理的结果也很好。

本实验还处理了一些摄像机使用次优的参数时采集到的图像，图像和处理结果如图 3.12 所示。图 3.12 中的颜色分割结果都或多或少比图 3.11 中的结果更差，因此这也说明摄像机使用本章算法得到的最优参数时所采集的图像对机器人视觉来说是最优图像。当相同的实验在从中午到傍晚的不同时间开展时，摄像机参数优化后所采集到的图像均曝光适当，图像处理的结果也很好。

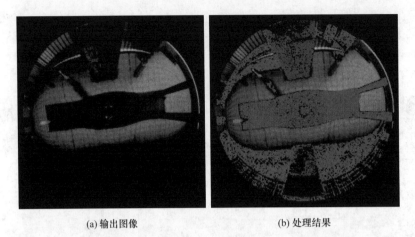

(a) 输出图像　　　　　　　　　　　　　(b) 处理结果

图 3.10　室外环境中摄像机参数未优化时输出的图像及处理结果

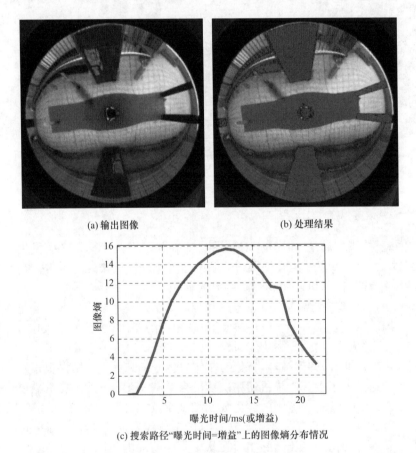

(a) 输出图像　　　　　　　　　　　　　(b) 处理结果

(c) 搜索路径"曝光时间=增益"上的图像熵分布情况

图 3.11　室外环境中摄像机参数优化后输出图像、处理结果及搜索路径上的图像熵分布情况

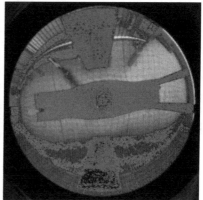

(a) 曝光时间和增益分别为10ms和10

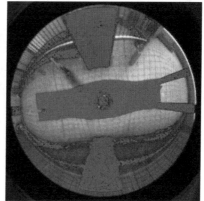

(b) 曝光时间和增益分别为11ms和11

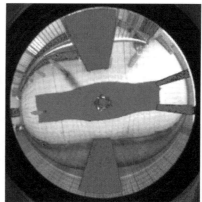

(c) 曝光时间和增益分别为13ms和13

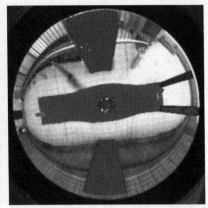

(d) 曝光时间和增益分别为14ms和14

图 3.12　室外环境中摄像机使用次优参数时全向视觉所获取图像及处理结果

3. 实验结果讨论

根据前面的分析和实验结果,基于图像熵的摄像机参数自动调节算法能够使视觉系统的图像输出自适应于不同的光线条件,图像能够尽可能恒常地描述真实的环境。因此通过使用本算法,全向视觉系统的图像输出具有某种颜色恒常性,足球机器人能够在变化的光线条件下鲁棒地实现彩色目标识别。与 3.1.1 节中提到的现有其他方法不同,本算法在优化过程中无须使用任何参考颜色信息,所以本算法能够应用于更多场合。同时本算法也是一种客观的摄像机参数设置技术,当机器人进入一个新的工作环境时,用户无须根据自己的主观经验去手动调节摄像机的参数。

至于本算法的实时性问题,由于在实际应用中光线条件一般不会变化得太突然,算法往往只需要几个周期就可以完成摄像机参数的优化过程。而将一组参数设置到本节使用的摄像机中需要大约 40ms,因此摄像机参数自动调节过程最多在几百毫秒内即可完成。因此在实际应用中偶尔使用本算法进行摄像机参数调节不会对视觉系统的实时性能造成什么问题。

本算法仍然存在一些不足。例如,本算法无法处理光线条件很不均衡的情况。由于图像熵是图像的一个全局特征,在光线条件高度不均衡的情况下,它可能不是一个很恰当的优化指标。如图 3.13 所示,虽然摄像机参数已经被优化到 21ms 和 21,但是图像处理的结果对机器人视觉来说仍然是不理想的。针对该不足,可能的解决方案是将一些目标识别和跟踪技术集成到本算法中,这样摄像机参数就能够根据图像中的目标附近区域的局部特征来进行优化,实现一种类似视觉注意机制的对目标区域成像的恒常性。

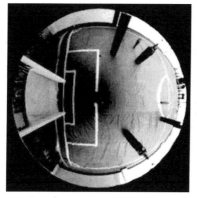 

　　　　(a) 输出图像　　　　　　　　　　　　　　(b) 处理结果

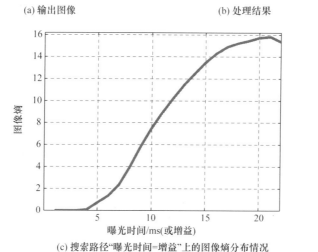

(c) 搜索路径"曝光时间=增益"上的图像熵分布情况

图 3.13　光线条件很不均衡的情况下摄像机参数优化后输出的图像、
处理结果及搜索路径上的图像熵分布情况

3.1.5　算法的拓展应用

1. 算法在普通透视成像摄像机中的应用

　　本节将摄像机参数自动调节算法应用于仅包含普通透视成像摄像机的机器人视觉系统,并开展与前几节中类似的实验来测试其有效性。

　　本节也在一个室外环境中验证图像熵与摄像机参数之间的关系。该室外环境包含了一块蓝色和黑色的色板、两个橙色的足球、一个小花园等。曝光时间取值范围为 1~22ms,增益取值范围为 1~22。当天气为多云,实验时间为中午时,图像熵随着摄像机参数的变化而变化的情况如图 3.14 所示。图像熵的分布与 3.1.2 节中全向视觉的情况类似,均存在岭曲线,如图 3.14 中的深灰曲线所示。当使用从岭曲线中的某个图像熵对应的图像学习到的颜色标定结果来分割岭曲线中的所有图像熵所对应的图像时,所有的图像都能使用该相同的颜色标定结果完成很好的分割,实验结果如图 3.15 所示。机器人能够成功地完成目标识别。该实验说明在该情况下,图像熵也能够有效地表征摄像机参数是否被合理设置。

本实验同样定义搜索路径为"曝光时间＝增益",并在该路径上搜索最大图像熵,以获得该值所对应的最优摄像机参数。沿着该搜索路径的图像熵分布情况如图 3.16 所示。图像熵同样会沿着搜索路径单调上升到达最大值后再单调下降,因此全局最大的图像熵可以很容易搜索到。该环境和该光线条件下,摄像机的最优曝光时间和增益分别为 14ms 和 14。

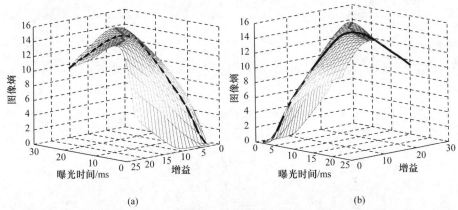

(a)　　　　　　　　　　　　　(b)

图 3.14　普通透视成像摄像机情况下图像熵随着曝光时间和增益变化的情况
(a)和(b)为不同视角下的同一结果

图 3.15　普通透视成像摄像机情况下对应于岭曲线上图像熵的
典型图像(上行)及其处理结果(下行)

摄像机参数:(左)曝光时间:22ms,增益:9;(中)曝光时间:14ms,增益:14;(右)曝光时间:7ms,增益:22

本实验接着在变化的光线条件下测试摄像机参数调节算法的有效性。在天气为晴朗的情况下,而摄像机仍使用图 3.16 中的最优参数时输出的图像和处理结果如图 3.17 所示。图像被过度曝光,图像处理结果很不理想。而摄像机使用参数调节算法优化参数后输出的图像和处理结果如图 3.18(a)和(b)所示,搜索路径上的图像熵分布情况则如图 3.18(c)所示。最优曝光时间和增益分别为 9ms 和 9,图像曝光合适,处理结果也很好。本实验同样还采集和处理了使用次优的摄像机参数时的图像,处理结果如图 3.19 所示。图 3.19 中的处理结果或多或少都比图 3.18 中的差,这说明了使用最优摄像机参数时获取的图像对仅包含普通透视成像摄像机的机器人视觉系统来说也是最优图像。当实验在从中午到傍晚的不同时间进行时,摄像机参数优化后输出的图像均被合适地曝光,处理结果也很好。

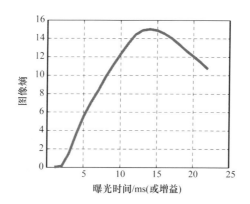

图 3.16　普通透视成像摄像机情况下图像熵沿着所定义的搜索路径的分布图

(a) 输出图像　　　　　　　　　　　　(b) 处理结果

图 3.17　普通透视成像摄像机情况下摄像机参数未优化时输出的图像及处理结果

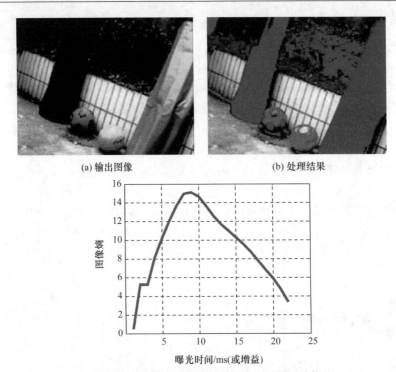

(a) 输出图像　　　　　　　　　　(b) 处理结果

(c) 搜索路径"曝光时间=增益"上的图像熵分布情况

图 3.18　普通透视成像摄像机情况下摄像机参数优化后输出的图像、
处理结果及搜索路径上的图像熵分布情况

(a) 曝光时间: 7ms，增益: 7　　　　　(b) 曝光时间: 8ms，增益: 8

(c) 曝光时间: 10ms，增益: 10　　　　(d) 曝光时间: 11ms，增益: 11

图 3.19　普通透视成像摄像机情况下摄像机使用次优参数时所获取图像的处理结果

2. 摄像机其他参数的调节应用

　　虽然在本节前述实验中,只有曝光时间和增益是可调的,但是本章提出的算法也能扩展到调节更多其他的参数(在摄像机硬件上支持的前提下)。将实验中所使用的透视成像摄像机原先的镜头换成 HZC08080 镜头后,即可通过在软件上给镜头发送指令控制其电机以调节光圈的大小。图像熵随着光圈和曝光时间变化的情况、图像熵沿着所定义的搜索路径的分布情况和最优的输出图像如图 3.20 所示。从图中可看出,本章提出的算法用于调节摄像机的光圈和曝光时间也是有效的。

　　同时,除了在类似本章所有实验中的软件层面的应用,本章提出的算法也可在硬件层面中实现,自动调节更多的摄像机参数,如实现自动快门、自动聚焦等。

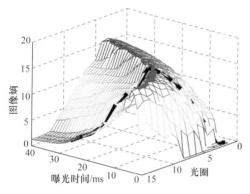

(a) 图像熵随光圈和曝光时间变化的情况　　　　(b) 图像熵沿路径"曝光时间=1.73×光圈"的分布

(c) 摄像机使用最优光圈和曝光时间时采集到的最优图像

图 3.20　摄像机参数自动调节算法用于调节光圈和曝光时间时的实验结果

3.1.6　小结

　　本节提出了一种新的摄像机参数自动调节算法,以使机器人视觉的图像输出能够自适应于光线条件的变化。首先定义了图像熵,并通过实验验证了图像熵能够表征摄像机参数是否已经被适当设置,进而图像熵被用作摄像机参数调节这一优化问题的优化指标,并提出了基于图像熵的摄像机参数自动调节算法。室内RoboCup 中型组比赛环境和室外类似 RoboCup 环境中的实验结果表明所提出的算法是有效的,应用该算法后,机器人视觉系统的图像输出针对光线条件的变化具有一定程度的颜色恒常性。同时,该算法可以广泛应用于各种计算机/机器人视觉系统,在摄像机软硬件支持的情况下,该算法可以有效地调节各种摄像机参数。

3.2　足球机器人视觉系统颜色分类

针对 RoboCup 中型组比赛这样一种颜色编码化环境,使用颜色信息来实现足球机器人的视觉目标识别显然成为了第一选择。本节首先分析几种常用的颜色空间及其之间的相互转换关系,介绍查找表颜色分类方法的基本原理。然后,提出一种基于线性分类器的混合颜色空间查找表分类方法,提高了颜色查找表对近似颜色的区分能力。最后,将这种颜色分类方法应用于机器人足球的彩色全景图像颜色分类。实验表明,该方法能够对中型组比赛环境中常见的几种近似颜色进行可靠区分,使用线性分类器提高了分类原则的直观性,节省了赛前颜色标定工作的时间。

3.2.1　颜色空间模型与查找表方法简介

彩色图像每一个像素的颜色都可以用某种颜色空间的坐标值来表示。不同的颜色空间具有不同的颜色描述方式,在彩色图像处理中使用得比较多的有 RGB 颜色空间、YUV 颜色空间和 HSI 颜色空间等。其中,RGB 颜色空间符合人类对颜色的感知和理解原理,常用于彩色图像的显示。YUV 颜色空间和 HSI 颜色空间都具有单独的亮度分量表示,能够较好地保持同一种颜色在不同亮度条件下的一致性,是机器人视觉中常用的颜色空间模型。另外,在印刷和彩色电视信号等领域还有 CMY 颜色模型和 NTSC 颜色模型。合理的颜色空间选择不但可以获得更准确的图像颜色描述,而且可以提高不同颜色之间的区分能力。下面简要介绍这三种颜色空间以及相互之间的转换关系。

1. RGB 颜色空间

RGB 颜色空间是线性颜色空间,按正规使用单一波长原色(R 波长是645.16nm,G 波长是 526.32nm,B 波长是 444.44nm)。一般将显示器上所使用的磷光体作为 RGB 的原色,可将得到的颜色表示成一个立方体,通常称为 RGB 立方体,立方体的三个坐标轴分别代表代表 R、G、B 分量,空间中所有颜色都是这三种颜色的线性组合。颜色空间示意图如图 3.21 所示(见文后彩图)。

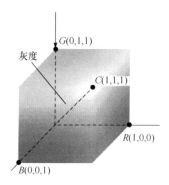

图 3.21 RGB 颜色空间示意图

2. HSI 颜色空间

在 RGB 颜色空间中,从坐标原点到 R、G、B 三个分量都为最大值的空间顶点,存在一条灰度中心轴。在这条轴上只有明暗的区别,没有颜色的差异。用灰度中心轴上偏离 RGB 颜色空间坐标原点的距离代表亮度,在 RGB 颜色空间中截取一个二维的常亮度平面,形成一个六边形。其中,通过沿中心点的旋转角度得到色调,随着远离中心点的距离得到饱和度。在不同的亮度值上建立这样的平面,可以得到一个六棱锥形状的颜色空间,称为 HSI 颜色空间,如图 3.22 所示(见文后彩图),一般会将饱和度分量进行归一化处理,从而得到一个圆锥形状的颜色空间。色调从红色开始,依次为橙色、黄色、绿色、青色、蓝色、紫色,最后回到红色。HSI 颜色空间的色调分量描述了颜色的这种连续过渡关系,并反映了不同颜色之间的位置相对关系,这为检测颜色的过渡提供了具有单一性的判别信息。

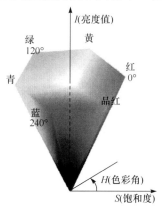

图 3.22 HSI 颜色空间示意图

3. YUV 颜色空间

YUV 颜色空间是另一种在数字图像处理得到比较广泛应用的颜色模型。YUV 颜色空间模型是一类颜色模型（YCrCb）的总称，主要使用于彩色电视信号的传输，由于亮度分量 Y 和色度分量 U、V 是分离的，因此 YUV 颜色空间模型受亮度变化的影响也比较小。另外，由于人眼对于亮度的敏感程度大于对于色度的敏感程度，所以可以用一个色度值反映相邻的像素，通过损失色度信息来达到节省存储空间的目的。在很多数字视频设备中，使用压缩的 YUV 颜色数据格式传送数据，比较常见的有相邻两个像素使用一个色度值的 YUV422，相邻三个像素使用一个色度值的 YUV411 等。

4. 颜色空间转换方法

本书主要使用 HSI 和 YUV 颜色空间对彩色全景图像进行颜色分类，因此主要介绍 RGB 与 HSI 颜色空间、YUV 颜色空间之间的转换方法。RGB 到 HSI 颜色空间的转换如下：

$$\max=\max(R,G,B),\quad \min=\min(R,G,B)$$

$$H=\begin{cases}(G-B)/(\max-\min), & R=\max\\ 2+(B-R)/(\max-\min), & G=\max\\ 4+(R-G)/(\max-\min), & B=\max\end{cases}$$

$$H=\begin{cases}H\times60, & H\geqslant0\\ H\times60+360, & H<0\end{cases} \tag{3.2}$$

$$V=\max(R,G,B)$$

$$S=(\max-\min)/\max$$

其中，$0\leqslant R、G、B\leqslant255,0\leqslant H\leqslant360,0\leqslant S\leqslant1,0\leqslant I\leqslant255$，下同。

HSI 颜色空间到 RGB 颜色空间的转换如下

$S=0$ 时，$R=G=B=V$

$$S\neq0 \text{ 时，}\begin{cases}H=H/60, \quad i=\text{INTEGER}(H), \quad f=H-i\\ a=V\times(1-S)b=V\times(1-S\times f)c=V\times[1-S\times(1-f)]\\ R=V, \quad G=c, \quad B=a, \quad i=0\\ R=b, \quad G=V, \quad B=a, \quad i=1\\ R=a, \quad G=V, \quad B=c, \quad i=2\\ R=a, \quad G=b, \quad B=V, \quad i=3\\ R=c, \quad G=a, \quad B=V, \quad i=4\\ R=V, \quad G=a, \quad B=b, \quad i=5\end{cases} \tag{3.3}$$

RGB 颜色空间到 YUV 颜色空间的转换如下：

$$\begin{bmatrix} Y \\ U \\ V \end{bmatrix} = \begin{bmatrix} 0.257 & 0.504 & 0.098 \\ -0.148 & -0.291 & 0.439 \\ 0.439 & -0.368 & -0.071 \end{bmatrix} \begin{bmatrix} R \\ G \\ B \end{bmatrix} + \begin{bmatrix} 0 \\ 128 \\ 128 \end{bmatrix} \qquad (3.4)$$

其中，$0 \leqslant R、G、B \leqslant 255,0 \leqslant Y、U、V \leqslant 255$，下同。

YUV 颜色空间到 RGB 颜色空间的转换如下：

$$\begin{bmatrix} R \\ G \\ B \end{bmatrix} = \begin{bmatrix} 1.164 & 0 & 1.596 \\ 1.164 & -0.392 & 0.813 \\ 1.164 & 2.017 & 0 \end{bmatrix} \begin{bmatrix} Y \\ U-128 \\ V-128 \end{bmatrix} \qquad (3.5)$$

5. 查找表颜色分类方法

颜色查找表（color look-up table，CLUT）是快速颜色分类的一种常用方法，待分类图像的每一个像素的颜色分量都是查找表的一个索引坐标，根据该像素多个索引坐标在查找表中对应的标记结果得到该像素的颜色分类结果。颜色查找表分类方法的特点是图像数据不需要进行转换，没有数值计算过程，直接进行检索操作就可以得到像素的颜色分类结果。查找表颜色分类方法对彩色图像分类迅速，适用于实时性要求比较高的机器人图像处理任务。

查找表颜色分类方法的效果受到查找表建立原则的直接影响。对于不同的颜色空间，如何划分各种颜色在空间中占有的位置是建立查找表的关键，是否能够准确区分近似颜色以及分类效果是否能在视觉系统的使用环境下保持良好的一致性是评价查找表颜色分类方法优劣的标准。确定颜色空间划分准则的方法有很多种，例如，最简单的坐标阈值划分方法[31]就是通过在颜色空间坐标轴上确定不同颜色的分布阈值，从而得到各种颜色在空间中的分布范围。还有通过使用聚类的方法对颜色空间进行划分[32]等。根据颜色空间不同的划分，将颜色空间中所有的点分为不同的类别，以颜色空间坐标作为输入，颜色分类结果作为输出，可以得到依据某种颜色空间划分方法建立的颜色分类查找表。

3.2.2　混合颜色空间查找表分类方法

查找表的建立方法多种多样，现有的查找表建立方法都是在某一个选定的颜色空间内对不同的颜色进行分类，所选择的颜色空间通常为 RGB 颜色空间、HSI 颜色空间和 YUV 颜色空间等。虽然近年来一些成果表明，使用一些改进的颜色空间可以提高颜色分类的效果，在查找表颜色分类方法上也得到了应用。但由于彩色图像颜色信息的复杂性，使用单一颜色空间往往难以区分所有需要识别的颜色，特别是难以准确区分近似颜色。在彩色全景图像中，视觉系统观察到的范围更广,同一种颜色在视觉系统的不同方位上受到的光照强度不一样,在成像中会产生亮度和饱和度的差异,造成同一种颜色在空间中的分布范围更大,近似颜色之间的相互渗透现象更明显,对各种颜色的区分也越困难。本节将介绍同时在 HSI 和 YUV 颜色空间中构建查找表的方法,利用不同颜色空间中的分布特点,对包含多种近似颜色的标准色板图像进行颜色分类,通过颜色空间之间的相互转换关系建立图像数据索引,从而提高查找表分类方法对彩色全景图像的分类准确性,增强查找表对近似颜色的区分能力。

1. 使用混合颜色空间的必要性

HSI 颜色空间和 YUV 颜色空间是图像处理中常用的颜色空间,由于这两种颜色空间都将亮度分量(HSI 颜色空间中的 I 分量和 YUV 颜色空间中的 Y 分量)与包含颜色信息的另外两个分量分开,所以这两种颜色空间能够在一定程度上保持同一种颜色在不同亮度下的一致性。使用一种颜色空间构建查找表,虽然方法简单,效果直观,但单一的颜色空间在区分近似颜色的能力上容易受到颜色空间自身的限制。在 YUV 颜色空间中,由于 U、V 分量描述的是蓝色和红色分量在某一种颜色中的比例,所以 YUV 颜色空间对色调相同、饱和度接近的颜色区分能力较弱,如红色和粉红色,如果过多地依赖亮度分量的差异区分深浅不同的颜色,则生成的查找表比较容易受到光照变化的影响,在实时采样图像与样本图像亮度差别比较大的时候产生错误的分类。同样,在 HSI 颜色空间中,H 分量描述的是颜色的色调,S 分量描述的是颜色的饱和度,色调比较接近的颜色在 HSI 空间中的分布也比较接近,也容易产生错误分类。结合具体实验说明不同颜色空间中颜色分布的特点。

以常用的 YUV 空间和 HSI 空间为例,如图 3.23 所示(见文后彩图)。图 3.23(a)是彩色数字摄像机在普通办公室内环境下采集到的一幅标准色板图像,该标准色板由 18 种彩色和 6 种灰度组成,不同颜色之间由黑色网格分割。色板中包含了具有常见色调的颜色,并且每种色调都有 2~3 种近似颜色。该色板常用于摄像机性能测试以及各种与色彩相关的实验。为了便于描述,同时也为了表明颜色分类结果对亮度变化的不敏感性,对 YUV 空间和 HSI 空间都进行了降维,不考虑样本图像的颜色在亮度分量方向上的分布情况,只考虑在 UV 平面和 HS 平面上的分布情况。图 3.23(b)是图 3.23(a)中的所有像素在 UV 平面上的分布图,图 3.23(c)是图 3.23(a)中的所有像素在 HS 平面上的分布图。在图 3.23(a)中,颜色 A 与颜色 B 在 UV 平面上的分布位于图 3.23(b)中的 A_uB_u 矩形区域内,两种颜色的差别在于其各自对应的亮度分量分布范围不同。颜色 A 的 Y、U、V 分量均值为 $Y=124.97$,$U=116.55$,$V=151.14$,颜色 B 的 Y、U、V 分量均值为

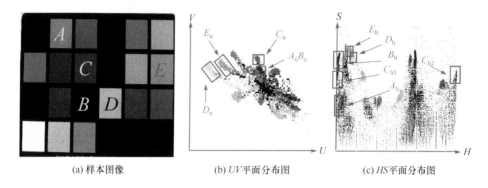

(a) 样本图像　　　　　(b) *UV* 平面分布图　　　　　(c) *HS* 平面分布图

图 3.23　*UV* 平面、*HS* 平面颜色分布图

$Y=53.70, U=117.45, V=154.15$（0～255 范围，下同）。$U$、$V$ 分量的接近表明，颜色 A、B 是同一个色调深浅不同的两种表现。可见，在 YUV 空间下只有依靠亮度分量的差别才能将两种颜色分开，但是在实际应用中，为了提高颜色分类算法的适应能力，应尽量避免使用亮度分量的差异区分不同的颜色，否则当光线条件变化时极易产生错误的分类结果。在 HSI 颜色空间下，颜色 A 在 HS 平面上的分布位于 A_h 区域，颜色 B 的分布位于 B_h 区域，颜色 A 的 H、S、I 分量均值为 $H=5.53$，$S=93.21, I=163.64$，颜色 B 的 H、S、I 分量均值为 $H=2.27, S=188.02, I=85.09$（0～255 范围，下同），两种颜色的色调（$H$ 分量）非常接近，但可以依靠饱和度分量（S 分量）很好地区分，如图 3.23(c) 所示。所以，在 HSI 空间下区分颜色 A、B 比较准确，分类结果受光照变化的影响也比较小。图 3.23(a) 中的颜色 D 与颜色 E 在 HS 平面上的分布区域 D_h、E_h 非常接近，颜色 D 的 H、S、I 分量均值为 $H=33.38, S=198.27, I=229.99$，颜色 E 的 H、S、I 分量均值为 $H=27.09, S=208.84, I=194.53$。但是颜色 D 与颜色 E 在 UV 平面上的分布区域 D_u、E_u 相差明显，颜色 D 的 Y、U、V 分量均值为 $Y=178.06, U=59.84, V=154.19$，颜色 E 的 Y、U、V 分量均值为 $Y=139.56, U=74.20, V=160.04$。所以，在 YUV 空间下区分颜色 D、E 比较准确。另外，由于 HSI 颜色空间是圆锥形，H 分量沿圆周分布，HS 分布平面会将 H 分量在 0 附近的颜色分布分割在平面的两端。例如，图 3.23(a) 中的颜色 C 在 HS 平面上中位于 C_{h1} 和 C_{h2} 区域。但在 UV 平面上集中分布在图 3.23(b) 中的 C_u 区域，相对易于区分。

四种近似颜色在不同颜色空间下的区分能力比较如表 3.1 和表 3.2 所示，其中相对差距定义为两种颜色分量之差与该分量度量范围的百分比：

$$D_{Cab}=\frac{|C_a-C_b|}{255}\times100\% \tag{3.6}$$

表 3.1　图 3.23(a)中颜色分量均值与相对差距(YUV 颜色空间)

颜色	A	B	D	E
Y	124.97	53.70	178.06	139.56
U	116.55	117.45	59.84	74.20
V	151.14	154.15	154.19	160.04
相对差距	D_{Uab}:0.353%,D_{Vab}:1.180%		D_{Ude}:5.631%,D_{Vde}:2.294%	

表 3.2　图 3.23(a)中颜色分量均值与相对差距(HSI 颜色空间)

颜色	A	B	D	E
H	5.53	2.27	33.38	27.09
S	93.21	188.02	198.27	208.84
I	163.64	85.09	229.99	194.53
相对差距	D_{Hab}:1.278%,D_{Sab}:37.180%		D_{Hde}:2.467%,D_{Sde}:4.145%	

　　从表 3.1 和表 3.2 中可以看出,在选择 HSI 颜色空间以后,颜色 A、B 的差异得到增强,相对差距由原来 U、V 分量的 0.353% 和 1.180%提高到 H、S 分量的 1.278%和 37.180%。颜色 D、E 在 HSI 空间中的 H 分量相对差距为 2.467%,S 分量相对差距为 4.145%,在 YUV 颜色空间中的 U 分量、V 分量的相对差距为 5.631% 和 2.294%,虽然在 YUV 颜色空间中相对差距提高的不多,但是从图 3.23(b)中可以看出颜色 D、E 的分布有了明显的区分,这对于将要介绍的使用线性分类器的查找表建立方法有很大帮助,可以很好地对这两种近似颜色进行区分。

　　综上所述,在不考虑亮度分量影响的情况下,对 UV 平面与 HS 平面的颜色区分能力进行比较,U、V 分量描述了颜色中蓝色分量差和红色分量差,同一种色调但不同饱和度的近似颜色在 UV 平面上不易区分。另外,UV 平面中的黑色和白色集中分布于 UV 平面中心区域,当图像整体亮度比较暗时,各颜色的分布趋近于中心,相互之间的区分能力下降,并且彩色分布容易被灰度信息覆盖。而 HSI 颜色空间反映了人类观察颜色的方式,色调分量 H 可以区分不同的颜色,饱和度分量 S 可以区分同一种颜色的深浅差异,并且这两个分量对光照条件变化都不敏感,这也是很多机器人视觉系统选择 HSI 颜色空间作为颜色分类空间的原因之一。但在 HSI 颜色空间中,色调接近的颜色在 HS 平面中的分布区也比较接近,并且存在相互渗透的情况,使用色调、饱和度分量较难区分,而这样的近似颜色在 UV 平面上的分布区域具有明显的区分。因此,在颜色分类任务中,HSI 颜色空间与 YUV 颜色空间在颜色分类能力上存在一定的互补性,同时利用两种空间建立颜色查找表,可以有效地提高颜色查找表算法对近似颜色的区分能力。

2. 颜色空间选择原则

　　查找表一般是根据事先采集的样本图像确定的。样本图像是指由视觉系统在工作状态下采集的环境图像,样本图像中应包含视觉系统使用环境中需要区分的主要颜色种类,视觉系统采集样本图像时的工作状态应当与正常工作中的状态相同或接近,以保证样本图像具有的代表性作用。根据样本图像,对不同的待识别颜色选择合适的颜色空间,尤其是近似颜色,要分别在不同的颜色空间中观察其分布情况,从中选择分布区域区分最明显的作为这组近似颜色的分类空间。根据前面的分析,某些近似颜色在一个颜色空间内的分布区域比较集中,相互之间的区分能力不强,但在另一个颜色空间中存在比较分散的分布。因此,根据图像系统工作环境的具体状况以及待识别颜色的具体情况选择适当的颜色空间,将提高颜色查找表的区分能力和适应能力。

　　颜色分类中的近似颜色,指的是两种或多种具有相近颜色分量值的颜色,也就是指前面介绍的相对差距比较小的颜色。在不考虑亮度分量差距程度的情况下,在 UV 平面上,近似颜色可以理解为 U、V 分量值相对差距较小,如图 3.23(a) 中的颜色 A、B;在 HS 平面上,近似颜色可以理解为 H、S 分量的相对差距较小,比如图 3.23(a) 中的颜色 D、E。一幅或多幅样本图像分别在 UV 平面和 HS 平面上绘制分布图,对不同的颜色,尤其是近似颜色,可以依据以下的原则选择颜色空间。

　　(1) 在 UV 和 HS 两个颜色平面上都比较独立分布的颜色,可以任选一个颜色空间作为查找表的颜色分类空间。

　　(2) 对于在某一颜色平面上分布区域接近或者由相互渗透的近似颜色,观察其在另外一个颜色平面上的分布,如果分布区域相对分散,则可以选择分布比较分散的颜色空间作为这几种近似颜色的分类空间。

　　(3) 环境光线太弱或者摄像机光圈较小引起的图像亮度比较暗时,UV 平面中的颜色分布集中于平面中部,各颜色之间的区分能力降低。但由于颜色的色调分量(H 分量)受亮度变化的影响最小,在亮度比较暗的情况下仍然能够保持不同颜色之间的差别,所以在这种情况下应当选择 HSI 颜色空间作为颜色分类空间。

　　(4) 根据 U 分量和 V 分量的定义,YUV 颜色空间的白色和黑色位于 UV 平面的中部,如果 U、V 分量的取值范围为 0~255,则黑色和白色的 U、V 值都在 128 附近,亮度分量 Y 高的是白色,亮度分量 Y 低的是黑色,可以依据这一特点在 YUV 颜色空间中识别黑色和白色。

　　(5) 在 HSI 颜色空间中,黑色的分布范围是颜色空间锥体的尖端,可以单独依靠亮度分量区分黑色,当某一像素的亮度分量低于一定阈值时则认为该像素为黑色。HSI 颜色空间白色的特点是亮度比较高,但饱和度较低,可以依靠亮度分量和饱和度分量区分白色,当某一像素的亮度高于一定阈值并且饱和度低于一定阈值时，可以认为该像素为白色。

（6）由于 HS 颜色平面是对 HSI 圆锥体的展开，所以在 H 分量为 0 的颜色附近，会出现在平面展开时候分割于 HS 平面上 H 分量的两端。对于这样的颜色，需要对被分割的分布区域分别进行判断。由于在 UV 颜色平面上不存在这样的情况，所以在 YUV 空间中对这样的颜色进行判断会比较方便。

根据以上几条颜色空间选择的原则，在建立颜色查找表之前根据待分类颜色的特点选择合适的颜色分类空间，可以较好地提高颜色查找表的区分能力，尤其是区分近似颜色的能力。

3. 混合颜色空间的查找表索引关系

颜色查找表的建立过程是确定颜色分类空间坐标与颜色分类结果之间的索引关系。索引关系一般是由图像数据到分类结果，如图像数据以 RGB 分量传输，则颜色查找表就是 RGB→分类结果的索引关系。单一颜色空间的查找表分类方法只需要建立一种颜色空间到分类结果的索引，但对于同时使用两个颜色空间的查找表分类方法，需要利用颜色空间转换关系将一种颜色空间的索引转换为与图像数据格式一致的颜色空间的索引。

由于本书所使用的彩色数字摄像机的数据输出格式是 YUV422，所以查找表的分类索引关系为 YUV→分类结果。在 YUV 颜色空间下进行分类的颜色，可以直接建立输入图像颜色数据到颜色分类结果的查找表。对于需要在 HSI 颜色空间下进行分类的颜色，在根据采样图像建立查找表的过程中，由于 YUV 颜色空间与 HSI 颜色空间没有直接的转换关系，所以首先根据式（3.5）由 YUV 颜色数据得到采样图像的 RGB 颜色数据，然后再由式（3.2）由 RGB 颜色数据转换得到采样图像的 HSI 颜色数据，最后，在 HSI 颜色空间下进行颜色分类。在得到 HSI 颜色空间下的索引关系以后，再利用颜色空间转换关系将 HSI 索引转换为 YUV 索引，最终可以得到依据 HSI 空间建立的由 YUV 颜色空间到分类结果的查找表。由图像数据到分类结果的索引建立关系图如图 3.24 所示。

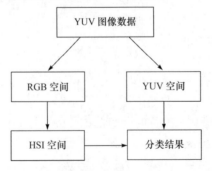

图 3.24　混合颜色空间查找表映射关系图

在确定了不同颜色的分类空间以后,需要将颜色空间坐标映射到颜色分类结果。从图 3.23 中可以明显地看出,各种颜色在不同的颜色空间内都具有明显的集中分布。在 UV 平面上,确定一个集中分布的区域,并给出亮度分量的阈值(具体方法在 3.2.3 节中介绍),可以得到一这片区域内对应的以 YUV 分量为索引,以分类结果为输出的映射关系,从而得到这个区域所表示的某种颜色的查找表输出。重复这个过程,可以得到颜色空间中任意区域所对应颜色的查找表输出。在 HSI 空间中,可以用同样的方法得到不同颜色的以 H、S、I 分量为索引的颜色查找表,利用颜色空间转换关系就可以得到根据 HSI 颜色空间建立的由 YUV 数据到分类结果的颜色查找表。根据待分类图像中的不同颜色在 YUV 空间与 HSI 空间的分布情况,选择合适的颜色空间建立查找表,从而得到能够区分所有待分类颜色的查找表。

3.2.3　基于线性分类器的颜色空间划分方法

1. 颜色分类中的线性分类器

线性分类器是模式识别领域里常用的模式分类方法之一,其主要思想为使用直线、平面等线性函数对样本空间进行分割,通过分析样本空间中的点与分割直线或者分割平面的相对位置来判断该点是否属于待判别的模式。将这一思想应用于颜色空间的分割上,通过对颜色空间中不同颜色的分布区域进行划分,从而建立颜色空间到分类结果的查找表。

根据 3.2.2 节的介绍,混合颜色空间的颜色分布在 UV 平面和 HS 平面上进行区分。因此待分类模式向量是二维向量,线性判别函数的形式为

$$\begin{cases} d_{uv}(x) = \omega_1 U + \omega_2 V + \omega_3, & UV \text{ 平面} \\ d_{hs}(x) = \omega_1' H + \omega_2' S + \omega_3', & HS \text{ 平面} \end{cases} \tag{3.7}$$

由 3.2.2 节的分析可知,颜色空间中的每一种颜色在 UV 平面或者 HS 平面中具有集中分布在一定的范围内的特性。因此,可以选择合适的线性判别函数对样本平面进行分割。

2. 线性分类器判别函数建立方法

根据混合颜色空间查找表分类方法的要求,需要在 HSI 和 YUV 颜色空间中对颜色进行分类,在不考虑亮度分量分布的情况下,线性分类器的样本空间为 UV 平面和 HS 平面。根据式(3.7)的表述形式,UV 平面和 HS 平面上的线性分类器为一组直线,直线方程的参数根据其在颜色平面上的位置决定。在颜色分布平面上,对于一种颜色的分布区域可以使用至少 3 条直线将这个区域与其他颜色的分布划分开。为了提高区域划分的准确性,本书使用了由 4 条直线构成的四边形对

颜色分布区域进行分割。这 4 条直线在 UV 或者 HS 颜色平面上所包围的区域确定了某一种颜色在该颜色空间中的分布,同时根据样本图像中该区域包含像素点的亮度变化范围确定亮度分量的阈值,该阈值也可以看成一维模式空间上的线性判别器,由此,可以得到由一组直线方程和一个阈值构成的某种颜色的线性分类器。确定判别函数直线方程和亮度阈值以后,对颜色空间中的每一个点,判断其 U、V 分量或者 H、S 分量是否位于某一组直线所包围的范围之内,并且其亮度分量是否位于相应的亮度阈值之间,如果是,则颜色空间中的这个点属于该颜色分类;如果不是,则不属于该分类。对空间内的不同颜色区域确定其判别函数直线方程以及相应的亮度阈值,并判断样本空间中所有的点是否属于某一分类,从而建立起整个样本空间到分类结果的查找表。

　　3. 混合颜色空间中线性分类器的使用

　　以 UV 颜色平面为例说明如何根据判别函数直线确定颜色平面上的一点是否属于某一种颜色分类。如图 3.25 所示,在 UV 平面上由 P_1、P_2、P_3、P_4 4 个点构成了一个封闭的四边形,P_1P_2、P_2P_3、P_3P_4、P_4P_1 分别是这个四边形的 4 条边。由这 4 条直线所表示的线性分类器的判别函数为

$$
\begin{cases}
d_1(C)=U_1U_c+V_1V_c+B_1, & P_1P_2 \\
d_2(C)=U_2U_c+V_2V_c+B_2, & P_2P_3 \\
d_3(C)=U_3U_c+V_3V_c+B_3, & P_3P_4 \\
d_4(C)=U_4U_c+V_4V_c+B_4, & P_4P_1
\end{cases}
\tag{3.8}
$$

其中,$[U_1 \quad V_1 \quad B_1]$、$[U_2 \quad V_2 \quad B_2]$、$[U_3 \quad V_3 \quad B_3]$、$[U_4 \quad V_4 \quad B_4]$ 分别为四条判别函数直线方程的参数;C 点是待判别的颜色平面上的样本点;U_c、V_c 是 C 点在 UV 平面上的坐标。$d_1(C)$、$d_2(C)$、$d_3(C)$、$d_4(C)$ 分别是 4 个线性判别函数根据 C 点坐标的判别值。

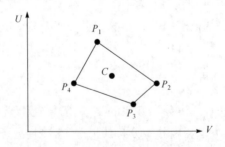

图 3.25　UV 颜色平面上线性分类器示意图

　　在分类过程中,为了快速、准确地确定颜色平面上的一个点是否位于 4 条判别函数直线所封闭的区域内,可以根据该点是否与四边形的某个顶点共同位于另一条

判别函数直线的同一侧进行判断。4 个顶点对应的 4 个判别函数值如式(3.9)所示，顶点与判别函数直线的选择原则是顶点位于判别函数直线包含封闭区域的同一侧。

$$\begin{cases} d_3(P_1)=U_3 U_{P_1}+V_3 V_{P_1}+B_1, & P_3 P_4 \\ d_4(P_2)=U_4 U_{P_2}+V_4 V_{P_2}+B_2, & P_4 P_1 \\ d_1(P_3)=U_1 U_{P_3}+V_1 V_{P_3}+B_3, & P_1 P_2 \\ d_2(P_4)=U_2 U_{P_4}+V_2 V_{P_4}+B_4, & P_2 P_3 \end{cases} \tag{3.9}$$

得到式(3.9)的计算结果，就可以根据待分类的点与顶点的判别函数值的同号或异号来判断该点是否位于判别函数直线所包围的封闭区域内。由此可以得到如下的判别规则。HS 颜色平面上的判别可以使用完全相同的方法。

$$\begin{cases} d_1(C)d_1(P_3)>0 \\ d_2(C)d_2(P_4)>0 \\ d_3(C)d_3(P_1)>0 \\ d_4(C)d_4(P_2)>0 \end{cases} \Rightarrow \begin{array}{l} C \text{ 点位于 } P_1 P_2 P_3 P_4 \\ \text{组成的四边形内} \end{array} \tag{3.10}$$

对图 3.26(a)所示的样本图像，在 UV 平面以及 HS 平面上使用线性分类器区分五种颜色的直线判别函数如图 3.26(c)、(d)所示，图 3.26(b)为最终的分类结果(见文后彩图。注：采集图 3.23(a)和图 3.26(a)的摄像机参数略有不同，两图的 HS 分布和 UV 分布也有不同)。其中，颜色 A、B 在 YUV 颜色空间中进行分类，颜色 C、D、E 在 HSI 颜色空间中进行分类。以颜色 C 为例说明使用线性分类器的查找表建立过程。颜色 C 是一种深绿色，在 HS 平面上集中分布在 C_h 区域。在本节研究所使用的查找表建立程序中，采取的是使用鼠标在颜色分布平面上绘制四边形的方法来确定某一种颜色的分布区域，这个区域应当尽可能地仅包含属于待分类颜色的点，以减小近似颜色之间的相互影响。用于区分颜色 C 的线性分类器的直线方程是四边形 C_h 的 4 条边所对应的直线方程，直线方程的参数根据 C_h 的 4 个顶点在 UV 平面中的位置确定。亮度分量的阈值实际上是一维空间中的线性判别函数，对于颜色 C 的亮度阈值，根据样本图像中属于四边形 C_h 内的点的亮度变化范围来确定。对 HS 平面上的每一点，使用式(3.10)判断其是否位于 C_h 区域内，如果位于区域内并且亮度也在颜色 C 的亮度阈值范围之内，就将这个点的 H、S、I 分量索引结果标记为 C，再利用颜色空间转换关系将 HSI 索引转变为 YUV 索引，从而得到颜色 C 的查找表输出。对于其他几种颜色分别重复这样的过程，可以得到能够同时准确区分这 5 种颜色的查找表。

绘制 HS 平面上的颜色分布图时，在 H 分量为 0 的位置进行展开，由于 HSI 空间形状是圆锥形，所以 H 分量接近 0 的颜色分布会被划分在 H 分量的两端。如果直接使用线性分类器，不可能同时对分割为两部分的颜色分布进行判断。为了解决这个问题，在确定 H 分量在 0 附近的颜色分布区域时，要进行跨界处理，将

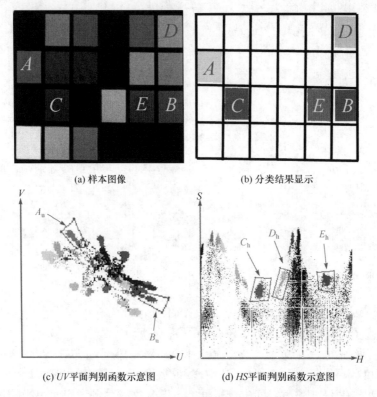

(a) 样本图像　　　　　　　　　　(b) 分类结果显示

(c) UV 平面判别函数示意图　　　　(d) HS 平面判别函数示意图

图 3.26　线性分类器使用方法示意图

判别函数直线围成的四边形进行切分,在 HS 平面的两端同时构建两个包围颜色分布区域的四边形,并增加相应的竖直直线作为判别函数直线,以完整地识别出被分割在两端的同一种颜色。判别函数直线切分方法如图 3.27 所示。

　　至此,已经建立了基于线性分类器的混合颜色空间查找表。下面将对该查找表建立方法在机器人足球中的应用情况进行介绍。

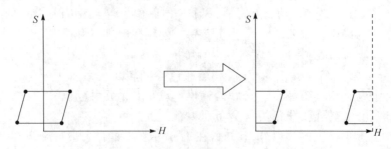

图 3.27　判别函数直线的切分

3.2.4　改进的颜色查找表方法在彩色全景图像颜色分类中的应用

基于线性分类器的混合颜色空间查找表分类方法是一种通用的彩色图像颜色分类方法,适合实时性要求较高,并且需要区分近似颜色的彩色视觉系统使用。本节使用的彩色全向视觉系统主要在中型组机器人足球比赛环境中使用,本节将结合比赛环境的具体特点,说明这种改进的颜色查找表方法在彩色全向视觉中的应用。

1. 机器人足球比赛中的颜色分类问题

机器人足球比赛环境中的颜色信息是机器人识别不同目标的基础。规则中规定的颜色有八种,分别为球(橙色)、场地(绿色)、球门和立柱(蓝色和黄色)、球队色标(青色和粉色)、机器人本体(黑色)、场地标识线(白色)。但对每次比赛中具体使用的颜色没有严格的限制,球门颜色、球队色标、橙色足球等选择的随意性较大,经常出现近似颜色之间难以区分的情况。另外,每场比赛的调试准备时间非常有限,为了保证查找表分类的准确性,需要在很短的时间内完成对查找表的修改。这些都对彩色全景图像的分类提出了较高的要求,需要一种分类准确、迅速,区分近似颜色能力强,分类标准能快速修正的颜色分类方法。

图 3.28(见文后彩图)表示了机器人足球比赛中出现的近似颜色及其在 UV 颜色平面和 HS 颜色平面上的分布情况。在图 3.28(a)中,机器人位于场地中线的一端,某一个球队使用的青色色标(区域 C)与蓝色球门(区域 BG)的颜色很相似,在 UV 颜色平面上分布于 CB_u 区域(图 3.28(b)),两种颜色的分布存在相互渗透,很难区分开。在 HS 颜色平面上,青色色标的颜色分布在 C_h 区域,蓝色球门的颜色分布在 BG_h 区域(图 3.28(c)),根据色调可以将两种颜色区分开。另外,黄色球门(区域 YG)与橙色球(区域 BA)的颜色也比较相似,在 HS 颜色平面上分布于 YB_h 区域(图 3.28(c)),两种颜色的饱和度基本相同,色调之间的差别也不大,没有形成明显的区分。在 UV 颜色平面上,黄色球门的颜色分布在 YG_u 区域,橙色球的颜色分布在 BA_u 区域(图 3.28(b)),两个区域之间有明显的区分。根据前面介绍的选择颜色空间的原则,在 HS 颜色平面上区分蓝色球门和青色色标。在 UV 颜色平面上区分橙色球与黄色球门。无论是在 YUV 颜色空间还是在 HSI 颜色空间都很难同时区分这四种颜色。

2. 改进的颜色查找表方法在比赛中的使用

中型组足球机器人比赛是 RoboCup 比赛中受环境影响最大的一个组,该项目比赛具有场地大(2007 年前为 12m×8m,2007 年后为 18m×12m)、比赛持续时间长(上下半场各 15min,中场休息 5min)、对抗激烈(最多有 10 个机器人在场地上

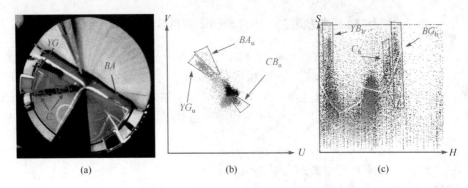

图 3.28　机器人足球环境中的近似颜色

进行比赛)、赛前准备时间短(两场比赛间隔不超过 20min)的特点,对图像处理算法提出了非常高的要求,颜色分类查找表的检查和修正是每场比赛之前必须要完成的任务。为了适应高强度的比赛要求,设计编写一套彩色全向视觉系统标定与测试程序,能够完成摄像机参数调节、颜色查找表的建立与修正、特征提取效果检测等功能。其中查找表的建立使用的是基于线性分类器的混合颜色空间查找表方法,该方法在比赛过程中与其他参赛队使用的颜色标定方法相比,具有以下特点。

(1) 使用线性分类器划分颜色空间效果直观、操作简便、调整快捷,通过鼠标绘制包含分布区域的四边形的方法,能够在较短的时间内确定比赛环境中八种颜色的分布区域,并且便于细微调整。一名操作者能够在 10min 之内完成 5 个机器人的赛前查找表修正工作。

(2) 使用混合颜色空间查找表对近似颜色区分能力较强,避免了复杂环境下的颜色之间相互干扰问题。在比赛过程中,对球以及蓝、黄门的准确识别非常重要,关系到机器人的比赛策略选择以及基本动作的执行。使用混合空间的颜色查找表,基本解决了橙色足球、黄色球门、粉色色标之间相互干扰的问题,对各参赛队使用的青色色标与蓝色球门也能较好区分,保证了机器人观测信息的准确性。

(3) 查找表适用能力增强,能够适应比赛环境的变化。使用自行编写的颜色标定程序建立的查找表,在不同机器人之间、不同场地之间、不同比赛时间等情况下,不需要完全重新标定,只需根据实时分类效果做出修正,这对于节省每场比赛之前的准备时间非常重要,保证了比赛的顺利进行。

3. 算法复杂度分析

研究所使用的摄像机的数据输出格式为 YUV422,输出图像尺寸为 659×493 像素,所建立的颜色空间查找表的检索空间为 $256 \times 256 \times 256$。查找表的输入范围是检索空间的每一个点,查找表的检索结果是代表不同分类的无符号整型数字,例如,橙色球的检索结果为 0,蓝色球门检索结果为 1 等,依次类推。查找表所占用的存储空间为 32MB。如果降低采样精度,颜色空间各分量每 4 个值对应一个检索结果,则查找表的检索空间为 $64 \times 64 \times 64$,查找表占用的内存空间仅为 512KB,这样可以减少内存的消耗,但同时也会引起一些错误的分类。经过测量,对一帧彩色全景图像使用改进的查找表完成颜色分类的时间在 3ms 以内。实际使用表明,基于线性分类器的混合颜色空间查找表分类方法能够应用于机器人足球的彩色全向视觉系统,对彩色全景图像的颜色分类算法在实时性上的要求,符合中型组机器人足球比赛的需要。

4. 比赛使用效果

为了提高颜色查找表的适应能力,同时也为了更全面地了解比赛场地的光线分布情况,所使用的颜色标定程序在建立查找表时,采集了场地上不同位置的多幅图像作为建立查找表的样本图像,样本图像在场地上的分布位置能够保证在建立颜色查找表时兼顾前场、中场、后场的环境不一致性。当所建立的查找表对所有的样本图像都能取得较好的颜色分类结果时,才将此查找表作为比赛中实际使用的查找表。使用表 3.3 中(见文后彩插)列出的几种颜色表示不同的颜色分类结果,以方便对分类结果进行观察。

表 3.3　中型组机器人足球比赛颜色分类对象及其结果表示

场地中的颜色	分类结果表示	场地中的颜色	分类结果表示
球(橙色)		色标(青色)	
球门、立柱(蓝色)		机器人(黑色)	
球门、立柱(黄色)		标示线(白色)	白色
场地(绿色)		其他未分类颜色	
色标(粉色)			

图 3.29(见文后彩图)中的彩色全景图像采集于机器人足球比赛现场。根据机器人位于场地中线中间时采集到的样本图像(图 3.29(a))建立颜色查找表,图 3.29(b)、(c)分别为图 3.29(a)在 UV 颜色平面以及 HS 颜色平面上的分布图。在 UV 颜色平面上,黄色球门分布于 YG 区域,橙色球分布于 BA 区域,黑色机器人分布于 BL 区域。在 HS 颜色平面上,蓝色球门分布于 BG 区域,绿色场地分布于 F 区域,粉色色标分布于 M 区域。根据各种颜色在颜色空间中的分布情况,选择在 YUV 颜色空间中区分黄色、橙色和黑色,在 HSI 颜色空间中区分蓝色、绿色和粉色。图 3.29(d)为颜色分类效果。图 3.29(e)~(h)分别为机器人在黄色球门前、蓝色球门前、中线左侧、中线右侧时的颜色分类结果图。虽然场地上同时调试的参赛队很多,环境比较复杂,但由于对不同的颜色选择了合适的颜色空间进行区分,颜色分类的结果良好,所以球、球门和立柱等重要目标颜色分类准确。尤其是橙色

球,在实际比赛中能够对距离机器人 8m 范围内的球准确识别,最远的识别距离可达 10m,为机器人提供了可靠的目标观测信息,满足了路径规划、角色分配等任务对障碍物检测、目标识别的需要。

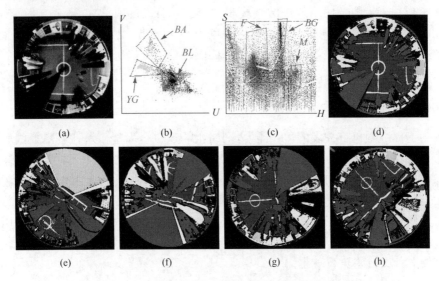

图 3.29　比赛中使用改进颜色查找表分类方法效果

3.2.5　小结

本节研究了彩色全景图像的颜色分类问题。利用近似颜色在不同颜色空间分布情况不同的特点,将 YUV 颜色空间与 HSI 颜色空间混合使用,解决了单一颜色空间查找表对近似颜色区分能力差的问题。使用直线判别函数的线性分类器可以准确地对颜色分布的样本空间进行划分,判别函数确定方法简单,效果直观。

将基于线性分类器的混合颜色空间查找表分类方法运用到中型组机器人足球比赛中,结合专门编写的颜色标定程序的使用,使查表建立迅速,维护方便,对比赛环境中出现的近似颜色区分效果良好,分类时间迅速,能够满足机器人在比赛中实时图像处理的需要,为特征提取、机器人自定位等任务提供了可靠的观测信息。

3.3　针对颜色编码化目标的识别算法

3.2 节介绍的颜色分类方法为颜色编码化目标的提取与识别提供了良好的基础,但中型组机器人比赛环境的复杂性,影响了在颜色分类结果基础上进行目标识别的准确性和可靠性。本节首先介绍机器人比赛环境中需要识别的目标,然后主要介绍对场地上的白色标志线和黑色障碍物这两种重要目标的识别方法。

3.3.1　机器人足球比赛中的目标识别

1. 机器人足球比赛环境中的主要目标特征

中型组机器人足球比赛在一个类似于人类足球场的环境中进行。2006 年德国世界杯的场地是 12m×8m，从 2007 年美国世界杯比赛开始，场地扩大到 18m×12m。根据规则要求，比赛场地平整，铺设绿色的地毯或者墙毯，在绿色场地上有白色的标示线，标示线包括边界线、中圈、禁区、球门区以及角球区等。场地两端放置有球门，球门面向场地的一侧涂有蓝色或者黄色。在角球区后方 50cm 的位置上放置有立柱，立柱根据所处球门两侧位置的不同分别为蓝黄蓝立柱（蓝门一侧）和黄蓝黄立柱（黄门一侧）两种。机器人可以根据这些颜色区分场地上的各种目标特征，利用目标特征在全景图像中的成像确定自己的位置和方向，即实现自定位。2008 年以后，场地中的黄色、蓝色球门被类似人类比赛环境中的球网代替，同时立柱也被去除。比赛真实环境如图 3.30 和图 3.31 所示。

图 3.30　2007 年中型组比赛场地　　　　　　　图 3.31　2008 年中型组比赛场地

自 2008 年以后，场地上的白色标示线成为了机器人自定位方法中最主要的场地信息，白色标示线的主要特点如下。

（1）白色标示线在场地上随处可见，是最易于观察到的场地特征。由于全向视觉系统能够观察到机器人周围 360°的范围，所以无论机器人位于场地上的任何位置，彩色全向视觉系统都能观察到地面上的白色标示线，基本上不会出现被完全遮挡的情况。

（2）白色标示线与绿色场地对比明显，便于检测。白色标示线具有一定宽度，通常使用白色不干胶贴纸粘贴于场地上，白色标示线与绿色场地存在明显的对比。通过检测是否存在"绿色—白色—绿色"的颜色过渡，可以对白色是否属于白色标示线进行判断，以滤除一些高亮度区域形成的干扰。

除了白色标示线，机器人在比赛中还需要识别的目标主要是足球和机器人。

足球显然是比赛中双方机器人追逐的焦点目标。2009 年以前,比赛用球为橙色的标准 5 号足球,2010 年以后换为黄色的标准 5 号足球。比赛过程中,足球机器人需要能够将场地中的其他机器人,包括己方和对方机器人,识别为障碍物,为机器人的运动规划和避障控制提供感知信息。根据目前的比赛规则,机器人的主要颜色为黑色。

2. 场地光照变化对目标识别的影响

场地光照条件的变换对中型组机器人足球比赛的影响主要有两个方面:光照强度变化和光照分布不均匀。例如,在 2006 年的机器人足球世界杯比赛中,中型组场地的一侧是大面积的透光玻璃幕墙,阳光可以直射场地,中午和下午阳光对场地附加的光照有明显不同,阳光对黄色球门所在半场的影响也要大于对蓝色球门所在半场的影响。另外,机器人足球比赛分上下半场进行,每半场的时间是 15min。在这段时间内,场地上的光照情况在阳光的影响下也会发生变化。虽然有很多颜色分类的方法可以提高光照变化情况下颜色分类的可靠性,但对于场地光照不均匀的情况,需要使用 Retinex 等颜色恒常性方法进行解决,该方法计算量较大,难以满足比赛越来越高的实时性要求。在 2007 年之后的比赛中,随着场地面积的扩大,光照不均匀的影响更加突出。多数球队在进行比赛之前都要在场地上的不同位置观测和调节颜色分类的结果,以保证机器人在场地上的各个位置都能准确地检测和识别出各种目标。

根据比赛环境中出现的情况,将同一时刻场地不同位置上的光照强度差异定义为光照在空间上的不均匀,光照条件随时间变化定义为光照在时间上的不均匀。光照在空间上的不均匀也可以看成场地上的不同区域受到了不同时刻的光照。因此,如果解决了光照在空间上的不均匀分布对目标识别的影响,同样可以解决光照在时间上的不均匀性对目标识别的影响。在研究过程中,利用现有场地条件,在场地上方安装了数十盏日光灯,并且可以分别控制不同位置上的灯是否启用,可以通过改变实验场地上同时开启的日光灯的数量和分布来模拟环境光线不均匀对目标识别的影响。

采用扫描线检测方法来识别场地白色标志线,如图 3.32 所示。扫描线的密度可以根据需要进行调解,本节使用了 60 条(第 0 条~第 59 条)等间距的扫描线,每相邻两条扫描线之间的夹角是 6°。扫描线在全景图像中的分布如图 3.32 所示,机器人的正方向(全景图像中水平向右的方向)为第 0 条扫描线。图 3.33 显示的是左右半场光照不均匀情况对白色标示线识别的影响,彩色全景图像的颜色分类结果如图 3.33 (b)所示。白色标示线的识别在颜色分类的结果上进行。在检测白色标示线时使用了沿扫描线方向查找"绿色—白色—绿色"过渡的方法。

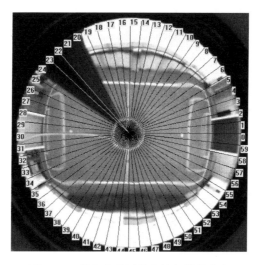

图 3.32　彩色全景图像中的扫描线分布

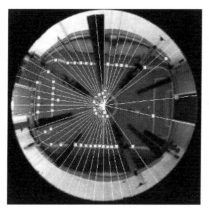

(a) 彩色全景图像及白色标示线识别结果

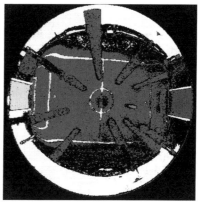

(b) 颜色分类结果显示

图 3.33　场地光照不均匀对目标识别的影响

图 3.33(a)采集于场地中心,机器人位于中圈的圆心处,通过控制灯光的分布,使左半场(黄门所在半场)亮度明显高于右半场(蓝门所在半场)。虽然 3.2 节中介绍的改进查找表颜色分类方法在一定程度上能够克服光照变化对分类结果的影响,但场地光照的不均匀对颜色分类结果准确性的影响难以通过调整查找表来消除。图 3.33(a)中的白色小方块表示的是白色标示线识别结果。实验结果表明,根据颜色分类结果进行白色标志线识别对光照变化或者光照分布不均匀比较敏感,当光线条件与建立查找表的采样图像的光照条件差别比较大时,颜色分类结果受到明显影响。使用基于颜色分类结果的目标识别方法在光照明显差异的左右

半场难以取得一致的检测结果。如果场地白色标示线的识别与颜色分类无关或者对颜色分类结果依赖性小,则目标识别的准确性可以得到提高。

实验中发现,基于 3.2 节中介绍的改进查找表颜色分类方法得到的全景图像颜色分割结果,再进一步使用游程编码算法[33]或者区域生长算法[34],可鲁棒地识别出橙色或者黄色的足球。因此本节后续部分主要讨论白色标志线[34,35]和黑色障碍物[36,37]的识别问题。

3.3.2　场地白色标示线的可靠识别

1. 场地白色标示线的特点

机器人足球比赛场地上的白色标示线是机器人在场上任意位置都能看到的明显特征。根据比赛规定的要求,场地上白色标示线的宽度为 5~12.5cm,根据到机器人距离的远近,每一条能观测到的白色标示线在图像上覆盖 2~8 个像素的宽度,与白色标示线相邻的是绿色的场地。白色标示线区别于两侧绿色场地的最明显的特征是白色标示线成像的像素亮度分量高于绿色场地成像的像素亮度分量。无论场地光线怎样变化或者光照不均匀,白色标示线成像的像素相对于两侧的绿色场地成像的像素总存在一个亮度的突变,如果能检测出属于白色标示线的亮度突变,就可以得到准确的白色标示线检测结果。根据上述分析,结合扫描线检测方法,沿扫描线对不同光照条件下的白色标示线与绿色场地的亮度变化进行分析。

图 3.34(a)、(c)、(e)分别是在场地上同一个位置的机器人在不同光照条件下采集的三幅彩色全景图像的局部,三幅图像采集时的场地光照强度依次减弱。图 3.34(a)、(c)、(e)中水平向右的箭头表示扫描线的方向和长度,从图像中心开始(即机器人在图像中的位置),扫描长度为全景图像的半径。图 3.34 (b)、(d)、(f)分别为三幅图像沿扫描线的 Y 分量(YUV 颜色空间下的亮度分量值,图中实线)检测结果和 H 分量(HSI 颜色空间下的色调分量值,图中点画线)检测结果。图 3.34(b)、(d)、(f)中水平线为扫描线经过的所有像素点的亮度均值。图 3.34(a)、(c)、(e)中①~⑤为扫描线经过的 4 条白线和一个点(其中②为点球位置,是一个直径 10mm 的白色圆点),其相应的亮度突变为图 3.34(b)、(d)、(f)中亮度检测结果上①~⑤所示的波峰。其中波峰④是一个比较宽的波峰,其原因在于图 3.34(a)、(c)、(e)中编号为④的白色标示线在全向反射镜面的反射点位于垂直等比镜面和水平等比镜面的过渡部分,造成成像模糊。从图 3.34 中可以看出,虽然彩色全向图像的亮度逐渐下降,扫描线经过的像素点的亮度均值(图中水平实线)也随之下降,但是沿扫描线的像素的亮度分量 Y 的分布形势基本相似,随亮度下降而整体下降。每一个波峰的幅值虽然在减小,但相对于邻近的场地亮度值始终存在非常明显的突变。H 分量分布受光照变化影响小,分布基本保持不变。

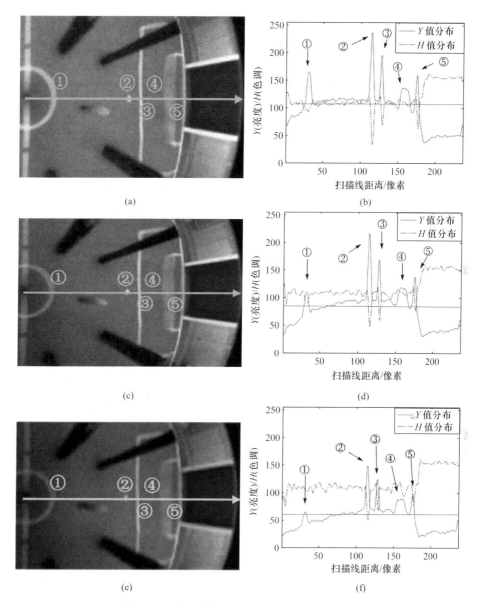

图 3.34　光照变化对白色标示线亮度的影响

通过对图 3.34 的分析,场地上的白色标示线在亮度和色调分布上具有以下特点。

(1) 白色标示线成像的亮度分量显著大于两侧的绿色场地成像的亮度分量,沿扫描线检测时形成一个明显的波峰;

(2) 白色标示线成像的亮度分量形成的波峰宽度范围有限,如果某处的亮度

突变维持了较长的宽度,则可能是地上的光斑或者球上的反光等干扰,不能作为白色标示线的检测结果;

(3) 扫描线经过的绿色场地上像素的色调分布基本不受光照变化影响,保持在一个相对固定的范围内,白色标示线波峰两侧的色调分布也符合这一特点。

因此,根据扫描线上像素的亮度分量 Y 和色调分量 H 的分布的特点,设计判别规则,可以检测出扫描线经过的白色标示线形成的波峰,白色标示线的中点位于波峰的峰顶。

2. 与颜色分类结果无关的白色标示线识别

1) 白色标示线判别准则

根据白色标示线在亮度和色调上分布的特点,可以给出判断属于白色标示线的波峰的判别准则。

(1) 波峰要比较显著,要求波峰的峰值要大于扫描线亮度均值(图 3.34(b)、(d)、(f)中的水平实线)且与其邻近的波谷之间的亮度差要超过一定的阈值。

(2) 波峰宽度要满足要求。波峰两侧最近的波谷之间的距离要在一定的范围之内,避免由于高反光物体引起的过宽的波峰或者图像噪声引起的过窄的尖锋。

(3) 波峰两侧波谷位置上像素的色调分量(H 分量)满足场地绿色在色调的分布范围(该范围不需标定,只要符合 HSI 空间下绿色分布的大致范围即可),且两侧波谷位置上像素的色调分量差距适中(为了避免扫描线在黑色区域中遇到的 H 值突变产生的错误识别)。

(4) 波峰两侧波谷的亮度适当,以消除机器人黑色引起的亮度陡降。

满足上述条件的波峰就是白色标示线产生的亮度波峰,峰顶位于白线的中间位置。从波峰的判断条件可以看出,在沿扫描线检测白色标示线产生的波峰时,没有使用颜色分类信息,而利用了场地绿色和白色标示线亮度和色调值在颜色空间中分布的特点。

2) 白色标示线识别算法

根据上述的判别准则,可以设计出依据亮度和色调变化的白色标示线检测算法,图 3.35 给出算法流程,并对具体的判别条件进行说明。

(1) 判别条件 1——对波峰、波谷的判断。根据扫描线经过的像素点亮度分量的左、右导数判断该点是否为波峰或波谷,判断方法如(3.11)所示:

$$Y_{il} = Y_i - Y_{i-1}, \quad Y_{ir} = Y_{i+1} - Y_i$$

$$\begin{cases} Y_{il} > 0 \text{ 并且 } Y_{ir} \leqslant 0, & i \text{ 点为波峰} \\ Y_{il} \leqslant 0 \text{ 并且 } Y_{ir} > 0, & i \text{ 点为波谷} \end{cases} \tag{3.11}$$

根据式(3.11)检测出的波峰、波谷分别存储在待判别波峰、波谷序列中。

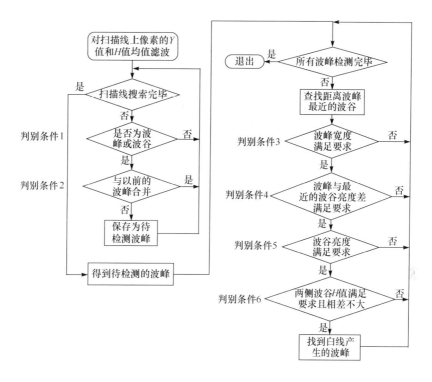

图 3.35　白色标示线检测流程图

（2）判别条件 2——对波峰的合并。由于镜头景深的原因导致的聚焦不准或成像位于组合等比例全向反射镜面的接合处时，白色标示线成像会模糊，从而引起波峰宽度增加，如图 3.34（a）、（c）、（e）中⑤号白色标示线的成像所示。同时由于像素之间的差异，在宽度较大的波峰上的亮度分布可能会存在细微的变化，从而形成波峰的异常，产生如图 3.36 所示的几种波峰。

图 3.36 所示的分别是四条白色标示线的某个波峰的亮度分布示意图。由于图像的模糊产生了双峰、多峰等情况，但实际上连续的几个波峰都位于同一条白色标示线上，如果直接根据这样的波峰进行白色标示线的判断，很可能在波峰高度、宽度、波谷亮度等判别条件下错误地将这些波峰滤除。因此，在检测波峰的过程中，还需要对其附近一定范围内（本节研究中设定为左右各 6 个像素的范围）是否还存在波峰以及存在的波峰的性质进行检测。如果在较近的范围内还存在波峰并且相邻的波峰峰值比较接近，则从中选择一个亮度值最高的波峰作为保留的波峰，与之相邻的波峰以及波峰之间的波谷都从待判别的波峰、波谷序列中删除。

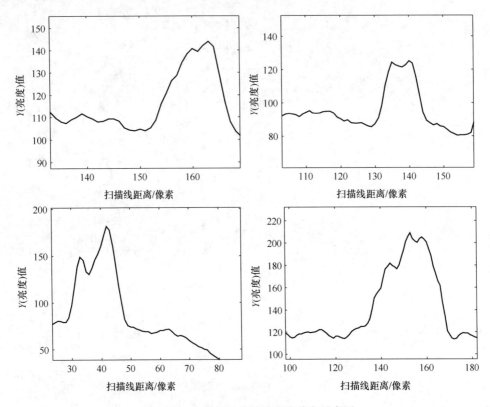

图 3.36　白色标示线波峰亮度分布示意图

　　(3) 判别条件 3——波峰宽度要求。波峰的宽度是指沿扫描线方向上波峰两侧最近的波谷之间的像素距离。波峰的宽度要适中,不能过窄,过于尖锐的波峰可能是由图像噪声引起的个别像素的数据错误,一般要求波峰两侧最近的波谷之间的像素距离大于 4 像素的波峰是一个有效的波峰。波峰的宽度也不能过宽,由于环境中的很多颜色都有比较高的亮度,如球、青色色标、粉色色标等,所以当扫描线经过这些亮度较高的颜色时也会产生亮度波峰。尤其是球,由于球与绿色场地接触,所以同样会满足波峰两侧的波谷在亮度和色调上的要求。但这些高亮度的区域在镜面上的成像面积比较大,会形成一个比较宽的波峰,可以利用这个特点判断波峰是否由某些高亮度区域产生。如图 3.37 所示,②号波峰是由球产生的,其波峰的宽度为 30 个像素,根据图像分辨率和白色标示线的实际宽度,并考虑到镜面过渡部分形成的模糊成像,白色标示线在全景图像中的成像不会超过 20 个像素,因此判断②号波峰不是白色标示线的波峰,④号波峰位于组合镜面的过渡部分,成像模糊,但其宽度为 15 个像素,并满足其他判别条件,因此仍然被正确地识别为白色标示线产生的波峰。

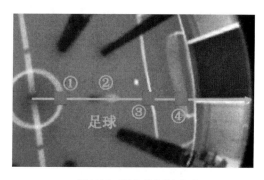

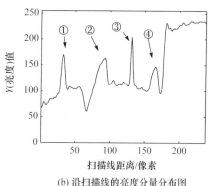

(a) 经过橙色球的扫描线检测图像　　　　　　　　(b) 沿扫描线的亮度分量分布图

图 3.37　波峰宽度检测示意图

(4) 判别条件 4——波峰与邻近波谷的亮度分量差判断。判断波峰与波谷的亮度分量差是为了保留在亮度分量分布上差异明显的波峰,滤除一些由于图像噪声产生的幅度比较小的波峰。当某一个波峰与其两侧相邻的波谷的亮度差都满足一定的判别条件时,认为该波峰可能是由白色标示线产生的波峰。因此,合理的判别条件对滤除干扰,保留正确波峰非常重要。由于机器人所处的环境光照条件在时间与空间上都存在不均匀性,所以判别条件应当考虑亮度变化对波峰的影响。以图 3.34 的(a)、(c)、(e)为例,这三幅图采集于同一个位置,图中的扫描线也经过了相同的区域,但光照条件明显不同。从其对应的亮度/色调分布图中可以看出,图 3.34(b)上扫描线的亮度均值大约是图 3.34(f)上扫描线亮度均值的一倍。由于在光照比较暗的情况下各种颜色之间的亮度差异减小,所以波峰的相对高度在光照强的情况下增大,在光照弱的情况下缩小。①号波峰在两个分布图中的变化充分说明了这个问题。结合具体实验分析的结果,设计一个依据扫描线亮度均值选择波峰相对高度判别阈值的函数,该函数的形式为

$$T=\begin{cases} T_{\min}, & 0<Y\leqslant I_{\min} \\ \left[\cos\left(\dfrac{Y-I_{\min}}{I_{\max}-I_{\min}}\times\pi+\pi\right)+1\right]\times\dfrac{T_{\max}-T_{\min}}{2}+T_{\min}, & I_{\min}<Y\leqslant I_{\max} \\ T_{\max}, & I_{\max}<Y\leqslant 255 \end{cases} \quad (3.12)$$

其中,Y 为扫描线所有像素的亮度均值,$I_{\min}$ 和 $I_{\max}$ 为阈值选择函数可以查询的亮度均值的下界和上界,$T_{\min}$ 和 $T_{\max}$ 为波峰相对高度判别阈值的最小值和最大值。图 3.38 所示为阈值选择函数的曲线,其中 $I_{\min}=20$,$I_{\max}=180$,$T_{\min}=10$,$T_{\max}=40$,确定参数的依据是不同光照条件下的多幅扫描线亮度分布图。当扫描线亮度均值低于 $I_{\min}$ 时,选择 $T_{\min}$ 作为亮度差判别阈值,当波峰与邻近的波谷亮度差大于 $T_{\min}$ 时予以保留;当扫描线亮度均值高于 $I_{\min}$ 且低于 $I_{\max}$ 时,根据一段经过比例和平移变换的余弦函数曲线选择亮度差判别阈值,亮度差高于此阈值的波峰予以保

留;当扫描线亮度均值高于 I_{max} 时,选择 T_{max} 作为亮度差判别阈值,当波峰与邻近的波谷亮度差大于 T_{max} 时予以保留。

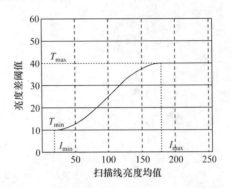

图3.38　波峰相对高度判别阈值选择函数曲线

经过对波峰与其相邻波谷亮度差的判断,能够在不同的光照条件下保留白色标示线形成的波峰,滤除其他干扰形成的小幅度波峰。

(5) 判别条件5——波峰两侧波谷的亮度要求。在每一个待判别的波峰两侧最近的波谷的谷值不能太低,在实际使用中要求波谷的谷值大于扫描线所有像素平均亮度的45%。其目的在于避免其他机器人或障碍物上的亮度变化引起的波峰的错误检测。如图 3.39(a)所示的情况,扫描线经过了一个机器人的车体。由于机器人并不是完全被黑色外壳覆盖,有部分组件的亮度显著高于机器人车体黑色的亮度,所以在②号和③号位置形成了两个非常明显的波峰,如图 3.39 (b)所示。但是由于②号和③号波峰临近波谷的亮度都低于扫描线上所有像素亮度均值的45%,可以判断这两个波峰是由机器人或障碍物上黑色的亮度变化引起的,不是白色标示线产生的波峰。①号波峰符合判别条件,是白色标示线形成的波峰。

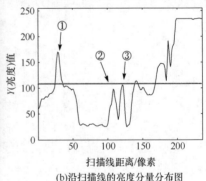

(a) 经过机器人的扫描线检测图像　　　　(b)沿扫描线的亮度分量分布图

（6）判别条件 6——波谷色调分量限制条件：波峰两侧波谷对应像素的色调分量（H 分量）要满足绿色场地颜色的色调分量分布范围要求，并且左右波谷对应像素的色调分量差不能太大。白色标示线位于绿色场地上，因此如果是白色标示线产生的波峰，其在扫描线方向上两侧的波谷对应的像素应该是场地上的点在全景图像中的成像点，其色调值应当位于场地绿色的色调分量分布范围之内，这也满足"绿色—白色—绿色"颜色过渡的要求。从图 3.34（b）、（d）、（f）的色调分量分布曲线可以看出，场地绿色的色调分量分布基本不受光照变化的影响，始终在一个较小的范围内波动。因此，可以根据 HSI 颜色空间中绿色色调分量所处的位置设定一个范围。如果波峰两侧波谷对应的像素点的色调分量在这个范围之内，则这个波峰可能是场地上的白色标示线形成的波峰。另外，考虑白色标示线两侧场地颜色的基本一致性，波峰两侧波谷对应的像素点的色调分量不能有太大的差距，以保证波峰对应的白色标示线确实位于绿色场地之上。

根据以上六个判别条件，结合扫描线检测方法，可以对扫描线经过的白色标示线进行准确检测。这六个判别条件利用了场地与白色标示线的亮度分量和色调分量在颜色空间中的分布特点，判别原则简单可靠，能够克服各种异常情况对白色标示线检测的干扰，得到准确的检测结果。下面通过实验说明这种白色标示线检测方法对场地光照变化和光照不均匀情况的适应能力。

3. 实验结果与分析

在前面介绍的白色标示线的判别准则和具体的检测算法中，没有利用颜色分类的结果，即使是场地上的绿色，也只需根据绿色在颜色空间中的色调分布区域来确定其阈值范围。所以该方法不受颜色分类结果影响，是一种与颜色分类结果无关的场地白色标示线检测方法。另外，由于该检测方法在每条扫描线上进行白色标示线波峰的检测，检测结果只与该扫描线所经过的像素有关，所以该方法能很好地在光照条件变化，尤其是光照在场地上不均匀的情况下对白色标示线进行可靠的检测。六个主要的判别条件能够较好地处理全景图像中出现的各种干扰，保证白色标示线检测的准确性。

图 3.40（a）、（c）、（e）、（g）是四幅场地图像，图 3.40（a）、（c）、（e）是图 3.34（a）、（c）、（e）的完整图像，采集于场地上的同一个位置，反映的是光照强度依次减弱的情况。（g）反映的是场地光照不均匀的情况。通过图 3.40（b）、（d）、（f）、（h）表示的四幅白色标示线检测图可以看出，虽然场地的光照在时间和空间上都存在不均匀性，并且出现图 3.40（e）所示的光照很弱的情况，但是白色标示线的检测结果基本保持一致，能够将扫描线遇到的白色标示线检测出来。

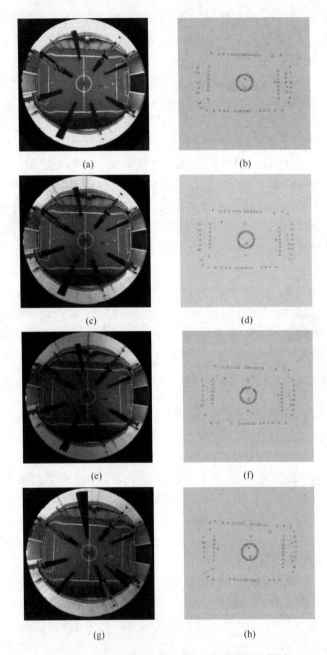

图 3.40 各种光照条件下的白色标示线识别结果

另外,这种与颜色分类结果无关的白色标示线检测方法的判别准则简单可靠,主要采用逻辑判断方法,不涉及复杂的数值运算,因此能够满足很高的实时性要求。实验表明,该方法检测场地上的白色标示线无需颜色分类结果,对光照条件变化适应能力较强,较好地解决了光照不均匀对场地主要特征提取影响的问题,为机器人自定位方法的实现提供了可靠的观测信息。

识别与提取出上述白色标示线点后,可根据第 2 章中的全向视觉系统距离映射标定结果,将白色标示线点的图像坐标值转换为机器人体坐标系下的坐标值,用于第 6 章中的机器人视觉自定位。

3.3.3 黑色障碍物的可靠识别

1. 黑色障碍物识别算法

由于 RoboCup 中型组的比赛规则规定了参赛机器人的外观必须以黑色为主,在当前单个机器人还无法通过视觉方法识别敌我双方的情况下,足球机器人只能将所有位于赛场内的黑色物体识别为障碍物。如图 3.41(a)所示,在目标不发生重叠的情况下,每个障碍物都将在视觉图像上表现为一块黑斑。利用这一特点,视觉系统可以通过一种扫描线算法检测出黑斑(也即障碍物)相对于机器人中心的极坐标位置。如图 3.41(b)所示,该算法以图像中心(也即机器人中心)为原点,每隔 2°构造一条放射状扫描线,共 180 条。这些扫描线覆盖了机器人周围 6.5m 半径范围内的 360°空间。

 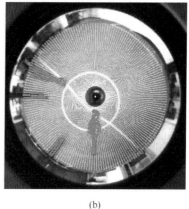

(a)　　　　　　　　　　　　(b)

图 3.41　全景图像中的障碍物检测

黑斑是通过扫描线检测得到的。以图 3.42 为例,有白、黑两条扫描线分别对应了有与没有障碍物两种情况,其中白色扫描线上的障碍物部分以浅灰色标示。图 3.43 显示了这两条扫描线上像素点亮度值的变化情况。由图可以看到,大部分像素的亮度值都在 100～150 范围内波动,这些像素点对应着绿色的场地;当扫描线穿过场地的白线时,会形成一个波峰,这些波峰的峰值达 240;反之,当扫描线穿过黑色的障碍物时会形成一个波谷,而且其灰度值一般会低于 60,即图中虚线的位置。根据这一原理,当相邻的几条扫描线上同时出现较明显的波谷时,就可以认为对应的位置存在障碍物。

另外,根据比赛规则对参赛机器人宽度的限制(最小 30cm,最大 52cm),如果检测得到的黑斑较宽,可以认为是多个障碍物在视觉上发生了重叠,此时可根据其远近分割成若干障碍物。如果检测得到的黑斑较窄,可以认为是误检测并将其剔除。

图 3.42　扫描线例子

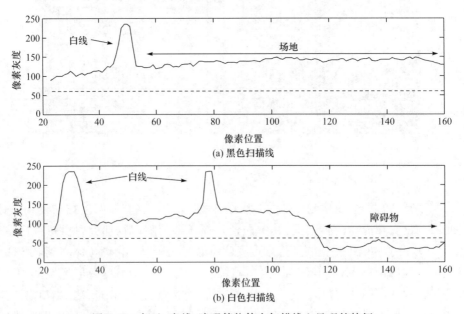

图 3.43　场地、白线、障碍等物体在扫描线上呈现的特征

假设障碍物始终紧贴地面,那么通过计算图像中障碍物中轴线对应的角度 θ_{center} 以及障碍物最低点与原点的像素距离 l_{img},可以确定障碍物在机器人极坐标系下的相对角度 θ 和相对距离 l。假如障碍物最左与最右端的扫描线角度分别为 θ_{max} 和 θ_{min},可取

$$\theta = \theta_{center} = \frac{\theta_{max} + \theta_{min}}{2} \tag{3.13}$$

同时,根据第 2 章中的全向视觉距离映射标定结果,像素距离 l_{img} 可以转换为障碍物与机器人的真实距离 l。假设机器人本体在世界坐标系下的位置为 (x', y')（称为机器人的全局坐标）,其朝向角为 θ',那么障碍物的全局坐标为

$$\begin{bmatrix} x \\ y \end{bmatrix} = \begin{bmatrix} x' + l\cos(\theta + \theta') \\ y' + l\sin(\theta + \theta') \end{bmatrix} \tag{3.14}$$

得到障碍物位置后,可以根据其是否在比赛场内进行筛选,以排除位于场地外部的黑色物体。

2. 实验结果和分析

为分析上述黑色障碍物识别算法的有效性,设计并进行如下实物实验。实验设置观测者与运动者两个机器人,其中观测者位于场地原点位置（(x, y) 坐标(0, 0)）,静止不动并利用全向视觉不断测量运动者的位置;运动者以 200cm/s 的速度绕观测者匀速圆周运动（约两圈）,运动半径为 3m。实验的结果如图 3.44 所示。由图可以看到,目标识别算法的测量结果与运动者的运动轨迹（其自定位结果）基本吻合。虽然两者在轨迹的右半部分出现了较大的系统性偏离(不排除运动者产生了较大定位误差的可能),但总体的识别效果较好,尤其是在轨迹的左半部分,目标识别算法能够很好地捕捉到运动者启动时路径的细微变化,充分说明了障碍物识别算法的有效性。

比赛中,机器人自身和场地上的障碍物往往处于运动状态,为了更细致地分析视觉系统的测量噪声特性,以用于障碍物运动状态估计及跟踪等任务,设计并进行了第二个实验。实验内容与上一个实验类似,设有运动与静止的两个机器人,但运动者与观测者为同一个机器人,被识别目标(障碍物)为静置于原点的足球机器人。实验分 4 组进行,运动机器人在同样的条件下分别以 50cm/s、100cm/s、150cm/s 和 200cm/s 的速度绕行障碍物匀速圆周运动,运动半径为 2m。在理想情况下,机器人测量得到的目标障碍物相对距离 l 与相对角度 θ 应为 200cm 与 90°,其 (x, y) 坐标应为(0, 0)。

　　图 3.45 为足球机器人以 150cm/s 的速度绕行障碍物 4 圈时得到的相对距离 l 和相对角度 θ 测量值的分布情况，共 1972 次测量。图中的虚线是由测量值拟合得到的高斯分布。可以看到，实际得到的测量值落在真值附近，而且分布情况近似服从高斯分布。

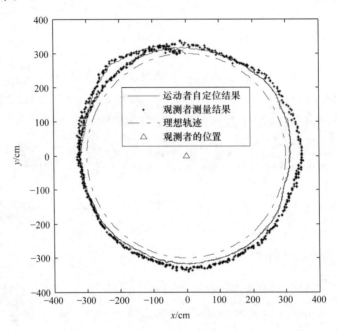

图 3.44　观察机器人识别测量结果与运动机器人自定位结果对比

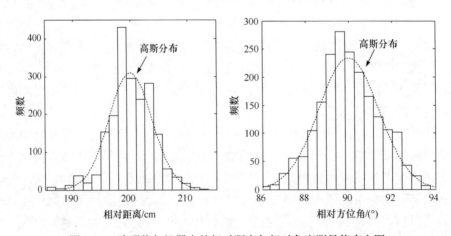

图 3.45　障碍物与机器人的相对距离与相对角度测量值直方图

图 3.46 显示了 4 组实验的障碍物 x-y 位置转换结果散点图。每一组包含约 2000 次测量结果,4 组测量数据的均方根误差(RMSE)如表 3.4 所示;图 3.47 显示了利用宽度为 30(约 1s)的滑动窗口分别提取 4 组测量数据的局部标准差随时间的变化情况。

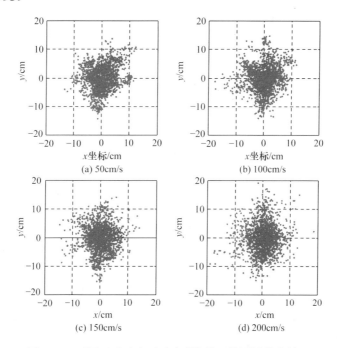

图 3.46　不同运动速度下对障碍物位置的测量分布情况

表 3.4　不同速度下的测量值均方根误差

速度/(cm/s)	50	100	150	200
均方根误差	5.7900	5.9621	5.9143	6.6428

可以看到,在 50~150cm/s 的速度下,系统的测量误差相对稳定。当速度达到 200cm/s 时,部分测量值产生了较大的偏离。这是由于机器人在快速运动过程中视觉系统产生了晃动、定位不准以及运动模糊等问题。但是从图 3.47 可以看到,相对距离 l 与相对角度 θ 两测量量的标准差基本在 2cm 与 0.02rad(约 1.1°)附近。这一结果表明,视觉系统采用该目标识别算法具有较稳定的测量噪声特性。

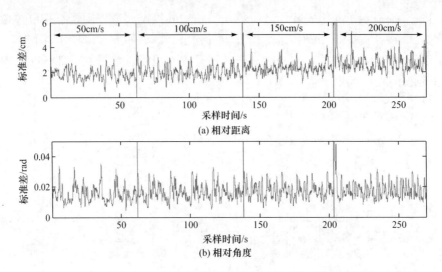

图 3.47　利用宽度为 30(约 1s)的滑动窗口提取得到的测量数据局部标准差

3.4　本章小结

　　本章介绍了基于图像熵的摄像机参数自动调节算法,使得视觉系统输出的图像具有一定的恒常性,能有效提高机器人视觉系统对光线条件变化的鲁棒性;接着介绍全景图像颜色分类分割问题,提出一种基于线性分类器的混合颜色空间查找表颜色分类方法,将模式识别中的线性分类器思想应用于颜色查找表映射关系的建立,并通过同时使用 HSI 空间与 YUV 空间的方法提高查找表对近似颜色的区分能力;最后在上述颜色分类的基础上,鲁棒地提取和识别白色标志线、黑色障碍物等颜色编码化目标。

参 考 文 献

[1] Mayer G,Utz H,Kraetzschmar G K. Playing robot soccer under natural light:A case study. RoboCup 2003:Robot Soccer World Cup VII,2004:238-249

[2] Ristic D,Vuppala S K,Gräser A. Feedback control for improvement of image processing:An application of recognition of characters on metallic surfaces. Proceedings of the Fourth IEEE International Conference on Computer Vision Systems,New York,2006

[3] Mayer G,Utz H,Kraetzschmar G K. Towards autonomous vision self-calibration for soccer robots. Proceedings of the International Conference on Intelligent Robots and Systems,Lausanne,2002:214-219

[4] Forsyth D A. A novel algorithm for color constancy. International Journal of Computer Vision,1990,5(1):5-36

[5] Agarwal V, Abidi B R, Koschan A, et al. An overview of color constancy algorithms. Journal of Pattern Recognition Research, 2006, 1(1):42-54

[6] Gönner C, Rous M, Kraiss K. Real-time adaptive colour segmentation for the RoboCup middle size league. RoboCup 2004: Robot Soccer World Cup VIII, 2005:402-409

[7] Lu H, Zheng Z, Liu F, et al. A robust object recognition method for soccer robots//Proceedings of the 7th World Congress on Intelligent Control and Automation, 2008:1645-1650

[8] Lu H, Zhang H, Yang S, et al. A novel camera parameters auto-adjusting method based on image entropy. RoboCup 2009: Robot Soccer World Cup XIII, 2010:192-203

[9] Lu H, Zhang H, Yang S, et al. Camera parameters auto-adjusting technique for robust robot vision. Proceedings of the 2010 IEEE International Conference on Robotics and Automation, Anchorage, 2010:1518-1523

[10] Lu H, Yang S, Zhang H, et al. A robust omnidirectional vision sensor for soccer robots. Mechatronics, 2011, 21(2):373-389

[11] Kuno T, Sugiura H, Matoba N. A new automatic exposure system for digital still cameras. IEEE Transactions on Consumer Electronics, 1998, 44(1):192-199

[12] Chikane V, Fuh C S. Automatic white balance for digital still cameras. Journal of Information Science and Engineering, 2006, 22(3):497-509

[13] Ng Kuang Chern N, Neow P A, Jr M H A. Practical issues in pixel-based autofocusing for machine vision. Proceedings of the 2001 IEEE International Conference on Robotics & Automation, Seoul, 2001:2791-2796

[14] Gooßen A, Rosenstiel M, Schulz S, et al. Auto exposure control for multi-slope cameras. ICIAR 2008, Portugal, 2008:305-314

[15] Anzani F, Bosisio D, Matteucci M, et al. On-line color calibration in non-stationary environments. RoboCup 2005: Robot Soccer World Cup IX, 2006:396-407

[16] Heinemann P, Sehnke F, Streichert F, et al. Towards a calibration-free robot: The act algorithm for automatic online color training. RoboCup 2006: Robot Soccer World Cup X, 2007:363-370

[17] Hanek R, Schmitt T, Buck S, et al. Towards RoboCup without color labeling. RoboCup 2002: Robot Soccer World Cup VI, 2003:179-194

[18] Treptow A, Zell A. Real-time object tracking for soccer-robots without color information. Robotics and Autonomous Systems, 2004, 48(1):41-48

[19] Grillo E, Matteucci M, Sorrenti D G. Getting the most from your color camera in a color-coded world. RoboCup 2004: Robot Soccer World Cup VIII, 2005:221-235

[20] Takahashi Y, Nowak W, Wisspeintner T. Adaptive recognition of color-coded objects in indoor and outdoor environments. RoboCup 2007: Robot Soccer World Cup XI, 2008:65-76

[21] Lunenburg J J M, Ven GVD. Tech united team description. RoboCup 2008, Suzhou, CD-ROM, 2008

[22] Neves A J R, Cunha B, Pinho A J, et al. Aotonomous configuration of parameters in robotic

digital cameras. Proceedings of the 4th Iberian Conference on Pattern Recognition and Image Analysis, Portugal, 2009

[23] Goshtasby A A. Fusion of multi-exposure images. Image and Vision Computing, 2005, 23 (6):611-618

[24] Shannon C E, Weaver W. The Mathematical Theory of Communication. Urbana: University of Illinois Press, 1949

[25] Gonzalez R C, Woods R E. Digital Image Processing. Second Edition. Upper Saddle River: Prentice Hall, 2002

[26] Marchant J A. Testing a measure of image quality for acquisition control. Image and Vision Computing, 2002, 20(7):449-458

[27] Marchant J A, Onyango C M. Model-based control of image acquisition. Image and Vision Computing, 2003, 21(2):161-170

[28] Murino V, Foresti G L, Regazzoni C S. Adaptive camera regulation for investigation of real scenes. IEEE Transactions on Industrial Electronics, 1996, 43(5):588-600

[29] Huber R, Nowak C, Spatzek B, et al. Adaptive aperture control for image enhancement. Proceedings of 2003 IEEE International Workshop on Computer Architectures for Machine Perception (CAMP), New Orleans, 2003:5-11

[30] Liu F, Lu H, Zheng Z. A modified color look-up table segmentation method for robot soccer. Proceedings of the 4th IEEE LARS/COMRob 07, 2007

[31] Bruce J, Balch T, Veloso M. Fast and inexpensive color image segmentation for interactive robots. Proceedings of 2000 IEEE/RSJ International Conference on Intelligent Robots and Systems, 2000:2061-2066

[32] Bandlow T, Klupsch M, Hanek R, et al. Fast image segmentation, object recognition and localization in a RoboCup scenario. RoboCup-99: Robot Soccer World Cup III, 2000, 1856: 174-185

[33] 卢惠民, 王祥科, 刘斐, 等. 基于全向视觉和前向视觉的足球机器人目标识别. 中国图象图形学报, 2006, 11(11):1686-1689

[34] 刘斐. 应用于足球机器人的彩色全向视觉关键技术研究. 长沙: 国防科学技术大学博士学位论文, 2007

[35] Liu F, Lu H, Zheng Z. A robust approach of field features extraction for robot soccer. Proceedings of 4th IEEE Latin America Robotic Symposium, Monterry, 2007

[36] 黄开宏. 足球机器人目标跟踪问题研究. 长沙: 国防科学技术大学硕士学位论文, 2013

[37] 黄开宏, 于清华, 卢惠民, 等. 基于噪声自适应卡尔曼滤波的足球机器人目标跟踪算法. 中国自动化大会, 长沙, 2013

第4章　机器人足球中的非颜色编码化目标识别

RoboCup 中型组足球机器人比赛提供了一个研究基于视觉的目标识别问题的标准测试环境。足球机器人只有完成了对足球、障碍物、场地、场地白线或者白线点等目标的识别后,才能进行运动规划、截球、带球、射门等比赛行为。全向视觉由于具有 360°的水平视场角,能够在一幅全景图像中获取周围环境的信息,特别适合用于足球机器人的目标识别,因此成为中型组足球机器人最重要的传感器之一。RoboCup 的最终目标是机器人足球队能打败人类世界冠军,机器人需要能够在动态的光线条件甚至户外光线条件下进行比赛,并摆脱对目前的颜色编码化环境的依赖,例如,能够使用普通的 FIFA 足球进行比赛,而不是目前使用的橙色或者黄色足球。因此足球机器人的目标识别问题主要面临两个挑战:如何在变化甚至高度动态的光线条件下鲁棒地识别颜色编码化的目标;如何可靠地识别普通的目标,如任意颜色和纹理的足球,以使比赛逐步摆脱对颜色编码化环境的依赖。

第 3 章讨论了如何解决第一个挑战,而本章则主要针对第二个挑战,即设计基于全向视觉的任意足球识别方法。任意足球指的是具有任意的颜色和纹理的普通 FIFA 标准 5 号足球,识别方法将不能依赖于足球的颜色信息或者颜色分类结果。该方法的研究将使机器人足球比赛无须像目前一样使用专门的橙色或者黄色足球,能提高机器人全向视觉系统的鲁棒性。该问题的研究如果能够使足球机器人最终像人一样识别任意足球并进行比赛,将会极大地促进 RoboCup 最终梦想的实现。

本章内容安排如下:4.1 节介绍在 RoboCup 领域中,任意足球识别问题的相关研究现状;4.2 节介绍一种基于全向视觉成像模型的任意足球识别方法;4.3 节介绍一种基于 AdaBoost 学习算法的任意足球识别方法;4.4 节是本章小结。

4.1　相　关　研　究

Hanek 等在文献[1]~[3]中提出了 CCD 的算法来实现不依赖于颜色分类的足球识别,该算法将图像数据与带参数的曲线模型进行匹配,以实现基于局部图像统计特性的相邻区域分割,进而在图像中提取出足球的轮廓,识别出足球。实验结果表明,即使是在不同的光线条件下得到的具有复杂背景的图像中,该提取过程也能可靠地实现。但是该方法需要事先知道足球在图像中的大致位置,因此该方法仅能实现足球跟踪,无法实现全局检测。Treptow 等在文献[4]中将 Adaboost 特征学习算法融合到粒子滤波目标跟踪框架中,首先使用 Adaboost 算法实现足球的全局检测,再使用粒子滤波对其进行跟踪,因此能够在背景复杂的环境中实时地检测和跟踪不包含特殊颜色的足球。Mitri 等使用图像的边缘信息作为 Adaboost 学习算法的输入,并构建多层的分类和回归树,用于实现与颜色无关的快速足球检测[5]。该方法能够检测出不同环境中的各种足球,但是当环境中存在其他圆形物体时,该方法的误检率也很高。因此 Mitri 等又将这种多层的分类器算法与受生物学启发的视觉注意机制相结合[6],大大提高了足球识别的鲁棒性,并有效地降低了误检率。Coath 等提出了一种基于图像边缘信息的圆弧匹配算法[7],用于机器人的足球检测。Bonarini 等使用一种具有颜色不变性的变换算法提取出图像边缘信息后,再使用圆 Hough 变换检测出普通的足球,并使用 Kalman 滤波器来预测和跟踪下一帧图像中足球的位置,以降低计算负担[8]。Wenig 等使用一种新的结构张量(structure tensor)技术来检测任意颜色的圆形足球,该方法可看成对圆 Hough 变换的改进[9]。实验结果表明,当用于圆检测时,该方法具有比标准的 Hough 变换更好的鲁棒性。上述算法仅能用于仅包含透视成像摄像机的机器人视觉系统,该系统的视野和图像的复杂程度均比全向视觉系统小得多。

近年来,一些研究人员也尝试使用全向视觉系统来识别任意足球。由于他们使用的全向视觉系统均使用双曲线型镜面,所以地面上的足球在全景图像中成像为圆形。Martins 等[10,11]使用 Canny 算子检测全景图像的边缘信息,再使用圆 Hough 变换算法来检测所有可能由足球所成像的候选圆,最后使用一些基于先验知识的结果验证方法来去除误检测的圆,如根据足球在图像中不同位置所成像的圆的大小等。Zweigle 等[12]也使用圆 Hough 变换算法检测出全景图像中的所有圆,再提取每个圆内图像区域的颜色直方图信息,并将其与在离线训练标定过程中得到的足球区域的颜色直方图进行比较,以确认真正的由足球所成像的圆。该方法需要离线的训练标定过程。实验结果显示上述两种方法均能获得很高的正确检测率,但是实验均是在图像背景很简单,不存在什么干扰的情况下进行的。

本课题组针对该问题,先后提出了两种有效的任意足球识别方法:基于全向视觉成像模型的任意足球识别[13-15]和基于 AdaBoost 学习算法的任意足球识别[16,17]。

4.2　基于全向视觉成像模型的任意足球识别

4.2.1节首先推导足球在 NuBot 全向视觉系统中的成像特性;4.2.2节根据该成像特性,设计相应的图像处理算法,实现对任意足球的全局检测,并结合球速估计算法实现对足球的跟踪;4.2.3节给出实验结果及相应的讨论。

4.2.1　足球在 NuBot 全向视觉中的成像特性分析

本节将分析足球在第 2 章设计使用的 NuBot 全向视觉系统中的成像特性,这也是本章的任意足球识别算法的基础。只考虑足球位于场地地面的情况,由于全向反射镜面的大小比足球的大小和镜面到足球之间的距离小得多,所以将全向反射镜面认为是距离场地地面的高度为 h 的一个点,从足球到镜面的入射光线可近似形成一个正切于足球的圆锥。而圆锥面与平面相截可能形成不同的圆锥曲线,如圆、椭圆、双曲线、抛物线等。在本节情况中,圆锥面与场地地面相截,会得到一个椭圆,如图 4.1 所示。在场地上定义一个右手笛卡儿坐标系,该坐标系以机器人中心为原点 O,以从机器人到足球的方向作为 x 轴。圆锥面与场地地面相截所得椭圆的长轴方向与 x 轴方向一致。假设足球到机器人之间的距离为 x_b。如图 4.1 所示,该椭圆和足球在全向视觉系统中的成像是一样的,因此只需要在推出该椭圆的形状参数后,再分析该椭圆在全景图像中会如何成像,即可推导出足球的成像特性。

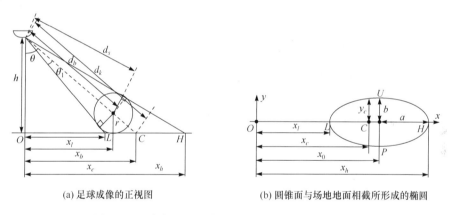

(a) 足球成像的正视图　　　　　　　(b) 圆锥面与场地地面相截所形成的椭圆

图 4.1　足球在 NuBot 全向视觉系统中的成像示意图

椭圆方程可描述如下:

$$\frac{(x-x_0)^2}{a^2}+\frac{y^2}{b^2}=1 \tag{4.1}$$

在式(4.1)中,x_0 决定了椭圆的位置,a 和 b 则决定了椭圆的长半轴和短半轴,即决定了椭圆的形状。

根据图 4.1,可得到如下公式:

$$x_b=x_c(h-r)/h \tag{4.2}$$

$$d_b=\sqrt{(h-r)^2+x_b^2} \tag{4.3}$$

$$d_s=\sqrt{d_b^2-r^2} \tag{4.4}$$

$$\tan\theta_1 = r/d_s \tag{4.5}$$

$$\tan\theta = x_b/(h-r) \tag{4.6}$$

$$\tan(\theta+\theta_1) = (\tan\theta+\tan\theta_1)/(1-\tan\theta\tan\theta_1) \tag{4.7}$$

$$\tan(\theta-\theta_1) = (\tan\theta-\tan\theta_1)/(1+\tan\theta\tan\theta_1) \tag{4.8}$$

$$x_l = h\tan(\theta-\theta_1) \tag{4.9}$$

$$x_h = h\tan(\theta+\theta_1) \tag{4.10}$$

$$d_k = \sqrt{h^2+x_c^2} \tag{4.11}$$

$$y_c = d_k\tan\theta_1 \tag{4.12}$$

$$a = (x_h-x_l)/2 \tag{4.13}$$

$$x_0 = (x_h+x_l)/2 \tag{4.14}$$

全向反射镜面到地面的高度 h 和足球的半径 r 是已知的。如果给定 x_b 或者 x_c，a 和 x_0 可通过将式（4.3）～式（4.10）代入式（4.13）和式（4.14）计算出来。由于点 (x_c, y_c) 位于椭圆上，所以满足如下公式：

$$\frac{(x_c-x_0)^2}{a^2}+\frac{y_c^2}{b^2}=1 \tag{4.15}$$

椭圆的短半轴 b 可通过将式（4.2）、式（4.11）～式（4.14）代入式（4.15）计算出来。为了处理全景图像以检测足球，还需要进一步推导该椭圆在全景图像中的成像。根据 NuBot 全向视觉系统的成像特性，机器人周围 7m 范围内的水平场景成像分辨率是不变的，因此该椭圆在全景图像中仍然成像为椭圆。假设此时全景图像中的椭圆中心到图像中心（即机器人中心在图像中的成像位置）的距离为 i，根据第 2 章中的 NuBot 全向视觉系统的距离标定结果，$x_0 = f(i)$，其中 $f(\cdot)$ 为标定好的距离映射函数。如果仅有 x_0 已知，要通过式（4.2）～式（4.15）来计算 a 和 b 会非常复杂，而由于从图 4.1(b) 可看出，点 C 与椭圆的中心非常接近，所以在此处做了一点简化处理，即用 x_c 来替换 x_0，以方便计算过程。本节的实验将证明该简化是合理的。因此计算出 $x_c = f(i)$ 后，可通过式（4.2）～式（4.15）推出场地上的椭圆参数 x_l、x_h、x_0、a 和 b。最后通过使用第 2 章中标定好的全向视觉距离映射函数的反函数，即可推出该椭圆在全景图像中的所成像的椭圆的长半轴 a_i 和短半轴 b_i，计算公式如下：

$$a_i = [f^{-1}(x_h)-f^{-1}(x_l)]/2 \tag{4.16}$$

$$b_i = bf^{-1}(x_0)/x_0 \tag{4.17}$$

到目前为止，在全景图像中由场地地面上的足球所成像的椭圆中心到图像中心的距离已知为 i 的情况下，该椭圆的形状信息即长半轴 a_i 和短半轴 b_i 可推导出来，计算过程为：$i \rightarrow x_c \rightarrow x_l, x_0, x_h, a, b \rightarrow a_i, b_i$。

将随 i 变化的所有 a_i 和 b_i 存在查找表里，4.2.2 节的图像处理算法即可使用该查找表来实现全景图像中任意足球的检测。

4.2.2　基于全向视觉的任意足球识别算法

本节首先提出用于检测任意足球的全景图像处理算法,再结合球速估计算法设计任意足球的跟踪算法。

1. 检测任意足球的图像处理算法

4.2.1 节已经推导出了由足球所成像的椭圆在全景图像中不同位置处的长半轴和短半轴值,根据该成像特性在图像中搜索可能的椭圆,即可实现任意足球的识别。足球在全景图像中成像的椭圆比较小(见 4.2.3 节的图 4.4 和图 4.5),椭圆的边缘信息很难可靠地提取出来,使用目前的椭圆 Hough 变换算法很难提取出这些椭圆来。因此本节自行设计图像处理算法来检测椭圆。

由于任意足球可能具有不同的颜色,传统的基于颜色分类的足球机器人目标识别算法无法用于任意足球的识别,但图像中足球轮廓两侧的像素仍然存在颜色上的较大变化,所以定义两种颜色变化的扫描方式来检测可能的足球轮廓点。第一种扫描方式为旋转扫描,在该扫描中,首先在全景图像上定义一系列以机器人中心为圆心的同心圆,这些同心圆的半径由内至外依次递增 2 个像素,如图 4.2(a)所示,再逐一沿着同心圆作如下的颜色变化扫描:在每个同心圆上,计算每两个相邻像素的颜色变化,该颜色变化量可通过 YUV 颜色空间中的欧氏距离来度量。如果两个相邻像素的颜色变化量大于某阈值(本节设为 18),即认为存在一个可能的足球轮廓点。同一同心圆上的每两个可能的足球轮廓点之间的图像距离 d、它们的中点 P 以及 P 点到机器人中心的图像距离 i 均可计算出来。由场地上的足球所成像的椭圆中心如果位于 P 点,则其短半轴 b_i 可根据 4.2.1 节中得到的查找表获得。如果满足 $d \approx 2b_i$,则认为 P 点是一个可能的椭圆中心点。

另一种扫描方式为径向扫描,在该扫描中,首先在全景图像上定义 360 条以机器人中心为共同原点的径向扫描线,如图 4.2(b)所示,再逐一沿着径向扫描线作如下的颜色变化扫描:在每个扫描线上,搜索每两个相邻像素的颜色变化,该颜色变化量同样通过 YUV 颜色空间中的欧氏距离来度量。如果两个相邻像素的颜色变化量大于某阈值(本节设为 16),即可认为存在一个可能的足球轮廓点。同一条扫描线上的每两个可能的足球轮廓点之间的图像距离 d、它们的中点 P 以及 P 点到机器人中心的图像距离 i 均可计算出来。由场地上的足球所成像的椭圆中心如果位于 P 点,则其长半轴 a_i 也可根据 4.2.1 节中得到的查找表获得。如果满足 $d \approx 2a_i$,则认为 P 点是一个可能的椭圆中心点。

使用上述的旋转扫描和径向扫描各自获得一个可能的椭圆中心点的集合后,将两个集合中可能的椭圆中心点逐对地互相作比较,如果某一对可能的椭圆中心

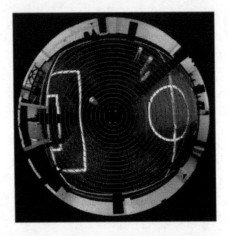 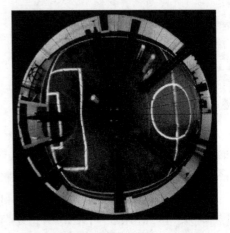

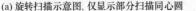

(a) 旋转扫描示意图, 仅显示部分扫描同心圆　　　(b) 径向扫描示意图, 仅显示部分径向扫描线

图 4.2　全景图像处理算法中的旋转扫描和径向扫描示意图

点几乎互相重合,则认为该重合点处存在一个候选椭圆中心点,且该候选椭圆的方程也是可知的。接着在所有的候选椭圆中搜索出具有最大的椭圆内外颜色差值的,作为可能的足球。椭圆内外的颜色差 D_c 定义如下:

$$D_c = |\overline{y_i} - \overline{y_o}| + |\overline{u_i} - \overline{u_o}| + |\overline{v_i} - \overline{v_o}| \tag{4.18}$$

其中,$\overline{y_i}$、$\overline{u_i}$、$\overline{v_i}$ 为椭圆内部像素的 YUV 颜色值的平均值;$\overline{y_o}$、$\overline{u_o}$、$\overline{v_o}$ 为位于椭圆外部和椭圆外接矩形内部的像素的 YUV 颜色值的平均值。用于计算这些值的图像区域分别如图 4.3 中的白色和黑色区域所示。如果在所有的候选椭圆中搜索出来的最大的椭圆内外颜色差值大于某阈值(本节设为 50),则该最大值所对应的椭圆被认为是真正的由足球所成像的椭圆,即在全景图像中完成了足球的检测。

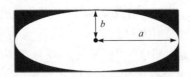

图 4.3　计算椭圆内外颜色差的图像区域示意图

在算法的具体实现过程中,通过采集包含具有不同颜色和纹理的足球的众多图像,并进行识别实验以确定上述图像处理算法中的三个阈值参数。部分足球的颜色和纹理如 4.2.3 节的图 4.5 所示。实验过程中图像处理算法设置不同的阈值参数,直至正确检测出尽可能多的足球,即确定了算法的最优阈值参数。而且由于第 3 章中的摄像机参数自动调节算法的使用,全向视觉系统输出的图像质量都很好,因此使用固定的最优阈值能够很好地完成任意足球的检测识别。

至此,足球机器人使用 NuBot 全向视觉系统能够不依赖于颜色分类地识别出标准的 FIFA 足球,即完成任意足球在图像中的全局检测。

2. 结合球速估计的足球跟踪算法

在比赛过程中,机器人并不需要在每个感知周期都处理整幅全景图像,以进行前面提到的任意足球全局检测。当足球已经被全局检测出来后,机器人能够通过结合使用第 5 章中的球速估计算法来跟踪足球,以减少计算量,提高任意足球识别算法的实时性。在实际应用中,只有当同一个足球在连续 3 帧图像中均被全局检测出来后,机器人才进行足球的跟踪,因为球速估计算法至少需要 3 帧足球信息才能得到较可靠的估计结果。同时该处理也能在一定程度上避免由于图像噪声等因素造成误检测的足球被跟踪,以使足球跟踪更加可靠。

在跟踪过程中,机器人使用估计出来的球速来预测下一个感知周期中足球在世界坐标系中的位置,由预测到的足球所成像的椭圆在全景图像中的位置也可根据第 2 章中的全向视觉距离标定结果计算出来。因此机器人只需要使用与前面一样的图像处理算法来处理预测出来的足球附近的图像区域,跟踪过程中的任意足球识别算法所需的计算时间可以大大降低。该图像区域会随着预测出来的足球所成像的椭圆的长半轴和短半轴参数的变化而动态变化。当足球的跟踪识别在连续几帧的图像序列中均失败时,机器人重新启动足球的全局检测和球速估计算法。

为了提高足球的正确检测率,在跟踪过程中,机器人在图像处理中的旋转扫描和径向扫描完成后,将所有可能的椭圆中心点均对应于一个候选的椭圆,而不进行每对可能的椭圆中心点的重合检查,即在更多的候选椭圆中搜索足球。因此当足球被其他物体部分遮挡,且遮挡部分少于 1/2 时,该足球仍然能够被检测出来。

4.2.3　实验结果与分析

1. 实验结果

首先通过处理一幅典型的全景图像来显示任意足球识别算法的过程和结果,如图 4.4 所示。图 4.4(a)、(b) 和 (c) 分别为全景图像、旋转扫描和径向扫描结果。图 4.4(b) 和 (c) 中的白点为可能的足球轮廓点。最终的识别结果如图 4.4(d) 所示,图中白色的点为候选椭圆的中心点,矩形为候选椭圆的外接矩形,椭圆则为检测到的足球在全景图像中的理想成像。从图 4.4 可看出,即使机器人周围存在很多其他的干扰物体,全景图像的背景较为复杂,机器人使用该任意足球识别算法仍然能够不依赖于颜色分类地成功检测出 FIFA 足球。

为了统计任意足球识别算法的正确检测率和误检率,实验中采集了 137 幅分别包含有不同颜色和纹理的标准 FIFA 足球,且背景较复杂的全景图像。在这些

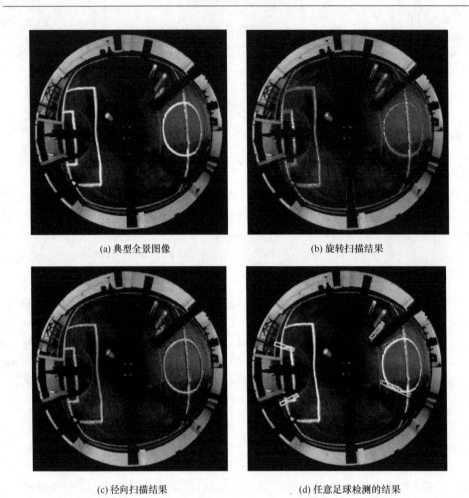

<table>
<tr><td>(a) 典型全景图像</td><td>(b) 旋转扫描结果</td></tr>
<tr><td>(c) 径向扫描结果</td><td>(d) 任意足球检测的结果</td></tr>
</table>

图 4.4　　任意足球检测的过程与结果

图像中,足球均未被遮挡,足球与机器人之间的距离均小于 4.5m。在逐一处理这些图像后,共有 132 个足球被成功地全局检测出来,误检测的个数为 2,因此正确检测率为 96.35%。在该统计中,任意足球识别仅考虑了全局检测的情况,而足球的正确检测率在结合跟踪算法后能够进一步提高。因此识别算法的正确检测率和误检率对机器人使用任意足球进行比赛而言是可接受的。该实验中的部分足球检测识别结果如图 4.5 所示。

　　实验过程中也测试了前面提出的足球跟踪算法。某个全景图像测试序列中的部分全局检测和跟踪结果如图 4.6 所示。图 4.6(a)为足球全局检测的结果,图 4.6(b)～(o)为跟踪过程中的结果,其中灰色的椭圆为使用估计出来的球速所预测的足球位置,白色的椭圆则为检测到的足球。从图 4.6 可看出,该足球跟踪算法能够有效

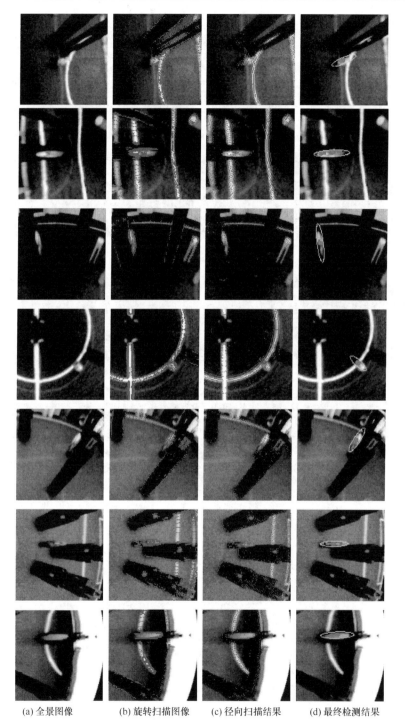

(a) 全景图像　　　　(b) 旋转扫描图像　　　　(c) 径向扫描结果　　　　(d) 最终检测结果

图 4.5　统计算法性能的实验中的部分任意足球检测结果

地实现对任意足球的跟踪。即使在足球被暂时性地完全遮挡后,如图4.6(c)所示,
跟踪算法仍然能够使用前面几帧估计出来的球速信息在下一帧中预测足球的位
置,并重新检测到该足球。由于机器人在跟踪过程中使用了更多的候选椭圆来搜
索足球,而不像全局检测中那样进行每对可能的椭圆中心点的重合检查,所以当足
球被部分遮挡,且遮挡部分少于 1/2 时,该足球仍然能被正确地检测出来,如
图 4.6(k)和(n)所示。

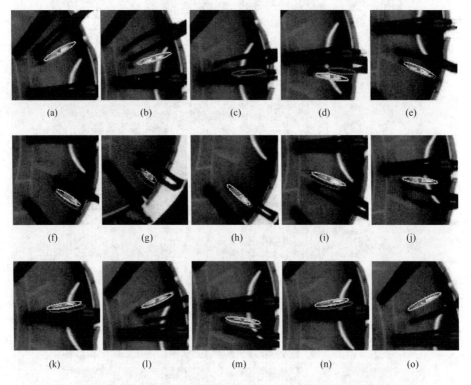

图 4.6　结合球速估计的任意足球的部分全局检测和跟踪结果

　　由于 RoboCup 中型组比赛的高度动态性,所以机器人需要尽可能快地处理其
传感器信息。所提出的任意足球识别算法所需的运算时间在实验中也进行了测
试。机器人的计算机配置如下:1.73GHz 的 CPU、512MB 的内存。实验结果表
明,处理一整幅分辨率为 444×442 的全景图像,即实现全局检测需要 100~
150ms,但是当足球已经被全局检测出来后,跟踪过程中的所需计算时间可降低到
4~20ms,因为算法仅需要处理预测出来的足球附近的图像区域。因此该任意足
球识别算法能够满足 RoboCup 中型组比赛的实时性要求。

2. 算法的优点和不足

与目前已有的其他任意足球识别算法相比,本节的算法具有如下优点。

(1) 无需学习或者训练的过程。

(2) 能够实现足球的全局检测,而这是 CCD 算法无法解决的。

(3) 算法是基于全向视觉的,因此相比较仅使用透视成像摄像机的方法,任意足球能够在更大的范围内被更快地检测出来。

(4) 能够很容易地结合各种目标跟踪算法,以实现更有效和更实时地检测任意足球,同时算法的中间结果或者最终结果能够用作其他识别算法的重要线索。

(5) 基于 NuBot 全向视觉系统的算法思想也能用于其他全向视觉系统或者透视成像摄像机,只要足球的成像特性能够事先分析出来。

尽管如此,该算法仍然有一些不足。第一个不足是当足球距离机器人很近的时候,其在全景图像中的成像会被机器人部分遮挡,该算法无法全局检测出该足球。为机器人引入一个透视成像摄像机构成的前向视觉系统[14,18]来识别该足球,即可解决该不足。在前向视觉系统的任意足球识别算法中,首先使用 Sobel 算子检测出透视图像中的所有边缘及边缘上的梯度方向信息,再使用基于梯度信息的圆 Hough 变换检测出由足球所成像的圆。前向视觉系统的一些任意足球检测识别结果如图 4.7 所示,图中浅灰色线条表示 Sobel 算子检测出来的图像边缘,黑色圆弧表示基于梯度信息的圆 Hough 变换检测出来的圆。通过将 NuBot 全向视觉系统和上述前向视觉系统结合使用,机器人能够全局检测、跟踪任意的足球,并执行对足球的一些精确操作,如带球、射门等。

第二个不足是只有当足球与机器人之间的距离小于 4.5m 的时候,机器人才能有效地识别出该足球,而这对场地规模为 18m×12m 的 RoboCup 中型组比赛来说是不够的。该不足可通过机器人的路径规划以进行足球的搜索来部分弥补。多机器人协同感知也可用于解决该问题,多个机器人可在场地上划分各自的搜索区域,每个机器人可以与队友共享其感知到的足球信息,实现分工合作。

第三个不足是该算法仅能处理足球位于场地地面的情况,而在目前的比赛中,足球经常会被机器人挑射到空中,解决该问题需要设计基于立体视觉系统的任意足球识别算法。

第四个不足是当足球被长时间(连续几帧)遮挡甚至部分遮挡时,所设计的足球跟踪算法可能会失效。解决该问题可能需要结合使用其他的目标跟踪算法或者识别算法,如基于 Adaboost 学习的算法等。

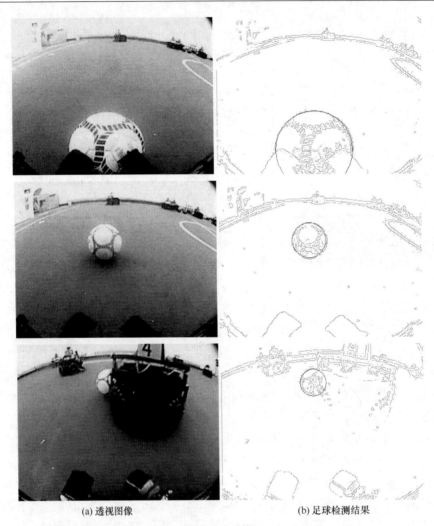

(a) 透视图像　　　　　　　　　　　　　(b) 足球检测结果

图 4.7　前向视觉系统任意足球检测结果

4.2.4　小结

本节针对 RoboCup 中型组足球机器人视觉系统研究中面临的挑战,将 NuBot 全向视觉系统应用于足球机器人对任意足球的目标识别问题,以促进 RoboCup 中型组比赛摆脱对目前颜色编码化环境的依赖。首先推导了足球在 NuBot 全向视觉系统中的成像特性,即足球在全景图像中成像为椭圆,再根据该特性提出了相应的图像处理算法来检测全景图像中由足球所成像的椭圆,进而完成任意足球的识别。当足球被全局检测出来后,还设计了简单实用的结合球速估计的目标跟踪算法来跟踪足球。由于在跟踪过程中,机器人仅需处理根据球速预测出来的足球位置附近的图像区域,所以跟踪识别算法所需的计算时间可大大减少。实验结果表明,通过使用所提出的算法,足球机器人能够在较复杂的环境中有效和实时地识别和跟踪任意的标准 FIFA 足球。

4.3　基于 AdaBoost 学习算法的任意足球识别

针对任意足球识别问题,本节引入模式识别领域中得到大量成功应用的 Ada-Boost 学习算法,结合使用改进的 Haar-like 特征,提出一种新的基于全向视觉的足球机器人任意足球识别方法。

4.3.1　算法描述

将模式识别领域中取得巨大成功的 Haar-like 特征[19,20]加 Adaboost 学习[21,22]的目标识别算法应用于足球机器人的任意足球识别,并且结合全向视觉的成像特点和任意足球识别的具体问题对算法进行相应的调整和改进。设计的任意足球识别算法分为离线训练阶段与在线识别阶段两部分。离线训练阶段包括采集样本图像并预处理后生成训练样本集,以样本集为输入,利用分类器学习算法构建分类器。在线识别阶段包括全局检测与目标跟踪,全局检测是指在整幅全景图像中进行全局搜索检测出足球,连续若干帧通过全局检测得到稳定的足球信息后,即可利用目标跟踪来提高识别算法的实时性,跟踪失败后则重启全局检测。

1. 离线训练阶段

由于 AdaBoost 学习算法需要一个样本集来进行特征的训练和算法识别效果的评估,所以需要采集较多的全景图像来构建样本集。样本集分为两部分,一部分是用来训练分类器的训练集,另一部分是用来测试分类器性能的测试集。训练集和测试集中均包括正集和负集,其中正集中的图像包含足球目标,负集中的图像不包含足球目标。样本集在构建时要注意到以下两个方面。

首先,样本集的图像数量要足够大。具有较好识别效果的目标识别系统所需要的样本集往往至少有几百幅图像,图像过少可能会造成识别算法的不稳定。

其次,要注意样本集的包容度。对于正集,即“足球”集,由于要识别的任意足球具有一定的随机性,所以正集中的图像需要包含不同颜色和纹理的足球。由于在不同光照条件下足球的成像差别较大,所以样本集还需要包括不同光照情况下采集的图像。足球位于白线或机器人附近时,足球的成像也会受到影响,因此构建样本集时也需要考虑足球在不同背景下的情况。对于负集,即“非足球”集,除了应包含足球场地的图像,还需要增加包含白线及足球机器人等比赛环境中其他非足球典型信息的图像。

利用 NuBot 足球机器人全向视觉系统采集全景图像以构建训练和测试样本

集,共采集了 26 幅全景图像,部分图像如图 4.8 所示。每幅全景图像中包含 10~12 个具有不同颜色和纹理的足球,并且足球与机器人之间的距离也各不相同。

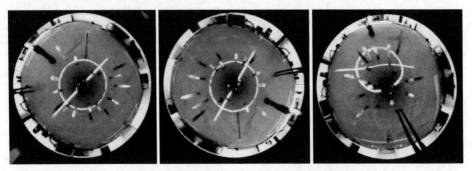

图 4.8　NuBot 足球机器人全向视觉系统采集的典型全景图像

得到上述全景图像后,需要从全景图像中采集包含足球目标和不含有足球目标的样本图像,用于计算 Haar-like 特征及训练 AdaBoost 分类器。计算 Haar-like 特征时需要把样本集中的图像缩放到一个统一的尺度。根据所使用的 NuBot 全向视觉系统的成像特点,足球的成像沿圆周方向变化不大,根据观测取其为 20 像素,而足球成像在径向方向上会随着与机器人距离的不同产生较大的变化,因此手动获得包含完整足球的子图像窗口后,需要对该子图像窗口进行旋转和缩放,即将窗口旋转到固定的垂直方向并在径向上缩放至 20 像素,得到 20×20 像素的子图像,作为样本图像。旋转缩放的过程如图 4.9 所示。对采集到的全景图像中的所有足球区域进行上述处理后即可得到“足球”样本集,即正集。而在构建“非足球”集,即负集时,可以通过采集场地、白线以及机器人等在全景图像中出现较多的背景元素来提高“非足球”集的包容性。图 4.10(a)、(d)为全向视觉系统采集到的全景图像,图 4.10(b)、(e)中的短横线区域为手动选择的采集窗口,图 4.10(c)、(f)为经过旋转缩放、转换为灰度图并进行直方图均衡化后的结果,其中图 4.10(c)为“足球”样本图像,图 4.10(f)为“非足球”样本图像。最终得到的“足球”样本集和“非足球”样本集中的典型样本图像分别如图 4.11(a)和(b)所示,其中前者包含262 幅任意足球图像,后者包括 558 幅非足球图像。

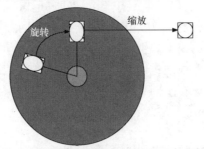

图 4.9　生成样本图像的旋转缩放过程示意图

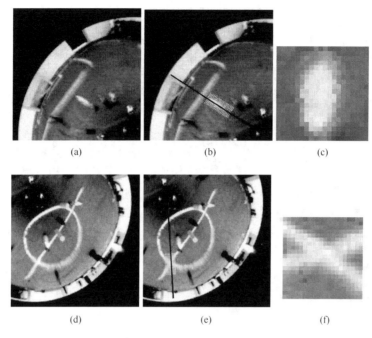

(a)　　　　　　　　　(b)　　　　　　　　　(c)

(d)　　　　　　　　　(e)　　　　　　　　　(f)

图 4.10　从全景图像中采集样本图像示意图

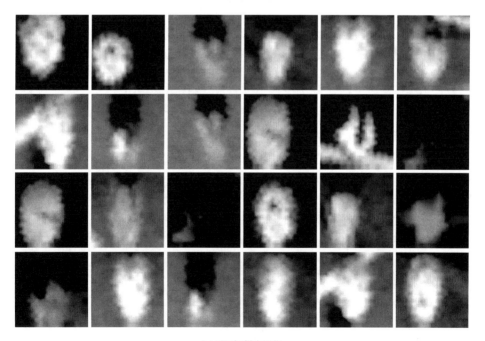

(a) "足球" 样本图像

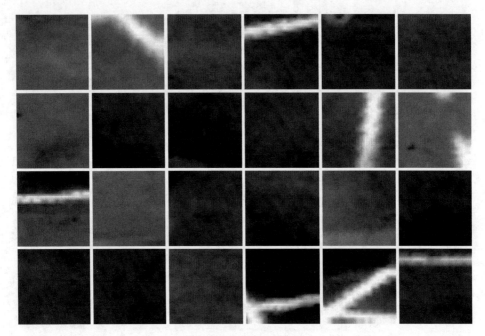

(b) "非足球"样本图像

图 4.11　典型的"足球"样本图像与"非足球"样本图像

Haar-like 特征的计算过程为首先计算样本图像的积分图像[17,19]，然后分别利用各个由白色和黑色矩形组成的 Haar-like 矩形遍历整幅样本图像，并利用积分图像快速地算出 Haar-like 特征。选用文献[20]中提出的扩展的 Haar-like 特征，计算 Haar-like 特征时需要计算正向积分图像和斜 45°积分图像。在人脸识别等应用中，计算 Haar-like 特征值往往是将白色区域与黑色区域的像素值之和求差。但在本文的任意足球识别问题中，目标足球具有较大的随机性，各种颜色的足球转换为灰度图像后灰度值差别较大，而足球场地的灰度值变化相对较小，因此仅仅求差计算 Haar-like 特征值的方法会造成后面使用 AdaBoost 学习算法时弱分类器的性能较差，导致构建强分类器需要的弱分类器数目大大增加。基于以上考虑，增加将白色区域与黑色区域进行除法的 Haar-like 特征，这样可以增加弱分类器的性能。虽然进行除法比求差增加了一定的运算量，但 4.3.2 节中的实验结果表明增加除法的 Haar-like 特征能较大程度地增强分类器的分类能力，进而提高任意足球识别算法的性能。

图 4.12 为本节设计的 Haar-like 特征，共分三类。第一类为边缘特征（图 4.12(a)），主要提取目标边缘的特征。第二类为线特征（图 4.12(b)），主要提取目标的直线或者斜线特征。第三类为"回"字类特征（图 4.12(c)），主要提取目

标的纹理特征。特征的计算方法为首先计算白色与黑色区域内的像素值之和,然后分别求差和进行除法,得到两个 Haar-like 特征。将样本图像旋转缩放为 20×20 像素,一幅样本图像中提取出来的每类 Haar-like 特征的数目如表 4.1 所示,其中 $b:w$ 代表 Haar-like 特征的黑色矩形宽与白色矩形宽的长度比。L 和 W 分别代表 Haar-like 特征矩形的长度和宽度像素值。以正向特征矩形为例,当计算边缘特征时,$b:w$ 为 $1:1$,L 与 W 相等,分别设置 L 和 W 为 2、4、6、8 个像素。此外,由于具有两种正向边缘特征,分别为水平和垂直边缘特征,如图 4.12 所示,且白色区域与黑色区域像素值之和分别进行减法和除法计算作为特征值。因此正向边缘特征的数目为 $(19 \times 19 + 17 \times 17 + 15 \times 15 + 13 \times 13) \times 2 \times 2 = 4176$。如表 4.1 所示,一幅样本图像中共计提取出 19404 个 Haar-like 特征值。

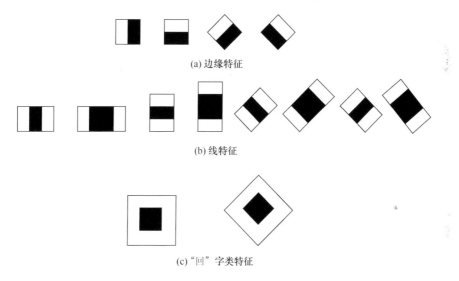

(a) 边缘特征

(b) 线特征

(c) "回" 字类特征

图 4.12　本节设计的 Haar-like 特征示意图

将"足球"类别标记为"1",非足球类别标记为"−1"。由于得到的"足球"样本图像有 262 幅,"非足球"样本图像有 558 幅,所以样本图像集中所有图像对应的类别构成 820 维的列向量 Y。计算每幅样本图像的 Haar-like 特征并按照图像编号的顺序组合为矩阵,即可生成与 Y 对应的 X,称为特征矩阵。

表 4.1　一幅样本图像中提取出来的 Haar-like 特征数目表

特征类型	正向/斜向	$b:w$	L/W	特征数目
边缘特征	正向	$1:1$	2/2;4/4;6/6;8/8	4176
	斜向	$1:1$	2/2;4/4;6/6;8/8	3096

续表

特征类型	正向/斜向	$b:w$	L/W	特征数目
线特征	正向	1:1	3/2;6/4;9/6;12/8	3576
		2:1	4/2;8/4;12/6;16/8	2976
	斜向	1:1	3/2;6/4;9/6;12/8	2376
		2:1	4/2;8/4;12/6	1856
"回"字类特征	正向	3:1	6/6;9/9;12/12	900
	斜向	3:1	6/6;9/9;12/12	448
合计				19404

AdaBoost 学习算法是目前模式识别领域中最流行和最成功的分类器学习算法之一。该算法基于统计学习理论,其主要思想为将多个弱分类器集成为一个强分类器。采用一种改进的 AdaBoost 算法 Gentle AdaBoost[22]。Gentle AdaBoost 算法的输入为样本集的特征矩阵 X 和标示样本集类别的 Y 向量。输出的强分类器包含算法选择的 Haar-like 特征、各个特征的权值以及阈值。

Gentle Adaboost 算法其算法流程如下:

Gentle AdaBoost 学习算法:

　　给定:输入训练样本集$(x_1,y_1),\cdots,(x_m,y_m)$,其中 $x_i \in X, y_i \in \{-1,+1\}$。

　　(1) 初始化:权重 $w_i = 1/N, i = 1,2,\cdots,N, F(x) = 0$。

　　(2) 迭代次数 $m = 1,2,\cdots,M$:

　　① 用 y 到 x 的加权均方差拟合估计 $f_m(x) = \mathop{argmin}\limits_f E_w[(y-f(x))^2 | x]$;

　　② 更新分类器 $F(x) = F(x) + f_m(x)$;

　　③ 更新样本权重 $w_i \leftarrow w_i e^{-y_i f_m(x)}$,并重新归一化,结束。

　　(3) 输出强分类器 $sign[F(x)] = sign\left[\sum_{m=1}^{M} f_m(x)\right]$。

---

2. 在线识别阶段

在线识别是指使用离线训练得到的分类器,在足球机器人在线采集到的全景图像中搜索和识别出任意足球。首先需要解决的问题是如何在全景图像中确定搜索窗口以判断窗口中是否包含足球。根据本节使用的全向视觉系统的成像特性,足球的成像在全景图像中沿径向变化较大,沿圆周方向差别很小,因此搜索足球所用的窗口在径向上也应相应变化,以使搜索窗口能完整地包含足球的成像。本节只考虑足球在地面的情况,由于全向反射镜面的大小比足球的大小和镜面到足球之间的距离小得多,所以近似地将全向反射镜面认为是距离场地地面高度为 h 的一个点,如图 4.1 所示。

已知全向镜面到地面距离 h 和足球半径 r。设全景图像中足球中心至机器人中心的像素距离为 i,根据全向视觉标定结果,可获得机器人体坐标系下足球与机器人之间的距离 x_b。根据式(4.3)～式(4.10),可计算出 x_l 和 x_h,进而得到足球成像在径向上的长度为 $(x_h-x_l)i/x_b$。因此沿全景图像的径向方向定义一系列的矩形搜索窗口,当这些窗口中心到机器人中心的像素距离为 i 时,这些窗口沿径向上的长度为 $(x_h-x_l)i/x_b$ 像素,沿圆周方向上的宽度取为固定值 20 像素。将这些窗口沿全景图像圆周方向旋转一周即可完成对整幅图像的遍历,如图 4.13 所示。在识别过程中,还需要将搜索窗口进行旋转和缩放,具体过程与离线训练过程中的旋转缩放相同,最后在变换后的窗口图像中计算强分类器中的 Haar-like 特征。

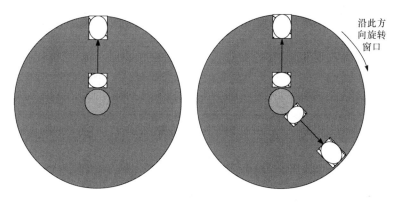

图 4.13 搜索窗口遍历全景图像示意图

Gentle AdaBoost 算法得到的强分类器根据 Haar-like 特征计算的结果可输出一个判别分类可靠性的值 H,H 大于 0 则分类结果为足球,H 小于 0 则分类结果为非足球,而 H 的绝对值代表分类结果的可信度。在实际比赛中,由于场地上只有一个足球,所以仅考虑所有搜索窗口对应的分类器输出结果中的最大值 H_{max},若 $H_{max}>0$,则其对应的窗口 W_{max} 为当前帧全景图像中包含足球的窗口,其中心点即为足球所在位置;若 $H_{max}<0$,则认为当前帧全景图像中不包含足球。

4.3.2 实验结果与分析

1. 样本集大小对算法性能的影响

本实验测试训练样本集的大小对识别算法性能的影响。将 262 幅"足球"样本图像划分为训练集 200 幅和测试集 62 幅,将 558 幅"非足球"样本图像划分为训练集 400 幅和测试集 158 幅。当选取训练集中不同数量的样本图像完成分类器的训练后,使用测试集进行测试得到的检测率和误检率如表 4.2 所示。

表 4.2　训练集样本图像数目与检测率和误检率的关系

"足球"样本图像数	"非足球"样本图像数	检测率/%	误检率/%
200	400	97	5
200	200	95	9
200	100	89	11
100	200	82	10
50	200	73	14
100	100	81	13
50	100	70	19

从表 4.2 可看出,训练样本集的大小会在很大程度上影响算法的性能。随着训练样本图像数量的增加,检测率呈上升趋势而误检率呈下降趋势,识别算法的性能随样本图像数目增加的趋势较为明显。但是,样本图像规模也并非越大越好,大规模的样本往往需要较大的计算量,并且规模的增长与识别效果的提升并非呈线性关系,当样本图像达到一定规模后再加大样本图像数量对识别性能的提高较小。从表 4.2 中可以看到,"足球"样本图像数目与"非足球"样本图像数目分别达到200 和 400 后,检测率与误检率分别为 97% 和 5%,算法性能已经达到要求,不必继续增加样本图像数量。

2. Haar-like 特征种类对算法性能的影响

本节实验测试 Haar-like 特征种类对识别算法性能的影响。Haar-like 特征可按照是否增加斜向 45° 的特征分为两类,也可按照是否增加对两色区域进行除法的特征分为两类。将这两种划分方式组合可以得到四种特征数目不同的 Haar-like 特征集合。算法分别使用这四类特征集合时的检测率、误检率和计算一幅图像 Haar-like 特征所需平均时间如表 4.3 所示。

表 4.3　特征种类对算法性能的影响

性能指标 特征种类	检测率/%	误检率/%	T/ms
无斜向 45°+无除法	84	6	32.07
无斜向 45°+有除法	94	5	32.29
有斜向 45°+无除法	88	5	35.33
有斜向 45°+有除法	97	5	35.99

注:T 为计算一幅图像的 Haar-like 特征所需的平均时间

从表 4.3 可看出,增加对两色区域进行除法运算的 Haar-like 特征后,识别算法的性能有较大提高,而且增加该类特征后计算量增加较小,即在识别算法的性能提高较大的情况下实时性的牺牲较小,实验结果验证了本节提出的改进 Haar-like 特征的有效性。

3. 分类器选择 Haar-like 特征的数目对算法性能的影响

使用的 Gentle AdaBoost 算法需要确定的参数主要是分类器选择 Haar-like 特征的数目。识别算法的误检率随该参数变化的情况如图 4.14 所示。从图 4.14 可看出,选择 Haar-like 特征数目的增大会提高分类器的性能,但是识别算法性能的提高与特征数目的增加不呈线性关系,选择的 Haar-like 特征达到一定数量后,分类器性能的改进很小。但特征数目的增加对算法的实时性影响较大。因此选择特征数目时需要兼顾算法的识别性能与实时性。从图 4.14 可看出当特征数大于300 时,增加特征数量对识别精度的提高作用很小,因此将分类器选择 Haar-like 特征的数目取为 300。

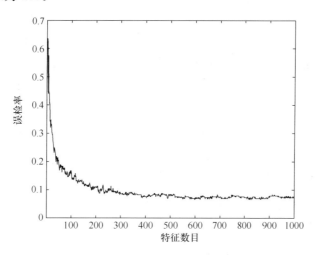

图 4.14　识别算法误检率与特征数目的关系图

4. 任意足球识别结果

图 4.15 为 NuBot 全向视觉系统采集的典型全景图像以及应用本节算法得到的任意足球识别结果。图中矩形框表示分类器判别为足球的区域。从图中可看出,全景图像内绝大部分任意的 FIFA 足球均能被正确识别,显示出算法具有良好的性能。

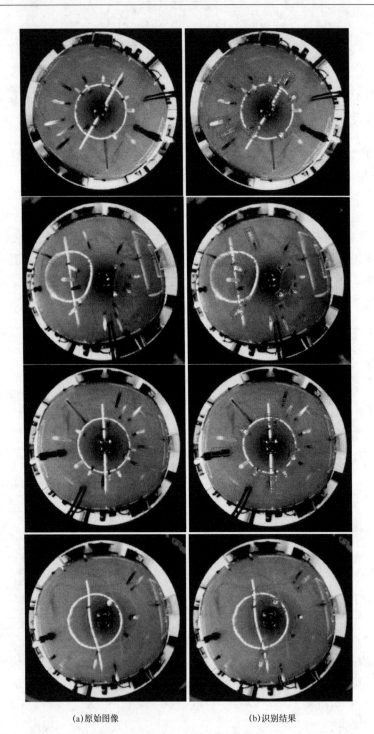

(a)原始图像   (b)识别结果

图 4.15 识别算法处理典型全景图像的结果

为了检验算法的检测率以及误检率,采集 10 幅典型全景图像,每幅图像包含 10 个具有不同颜色和纹理的任意足球,同时还包含其他类似物体、机器人等较为复杂的干扰信息。足球距机器人自身距离均小于 5m 并且未被遮挡,但部分足球处于场地白线附近。使用本节算法处理这些图像后,100 个任意足球中检测出 98 个,检测率为 98%,个别非足球区域被误检测。

图 4.16 与图 4.17 分别为正确识别的任意足球与误检测结果的细节放大图像。大部分误检测的区域为场地白线,小部分为场地中的其他足球机器人。由于误检测的概率较小,所以不会影响实际应用。

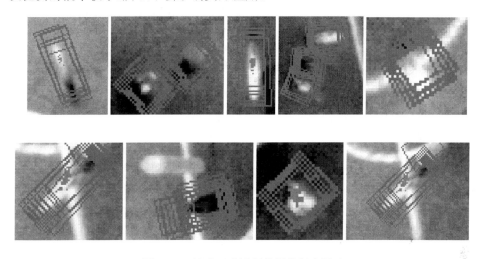

图 4.16　算法正确识别的部分任意足球

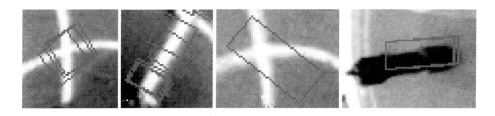

图 4.17　算法误检测的区域

实验结果还表明,本节提出的算法具有较强的鲁棒性。图 4.15 中包含了各种颜色与纹理均相差较大的足球的识别结果,且在较为复杂的背景中也具有较好的识别效果,说明算法对同类内差别较大的目标识别效果较好,且算法抗干扰能力较强。另外,图 4.15 中各个目标足球与机器人距离差别较大,足球在全向视觉中成像变形也差别较大,因此本算法能够较好地克服全向视觉中目标成像变形严重的问题。图 4.18 为光照条件差别较大的情况下算法的识别结果。结果表明本节算法对光照条件也具有较好的鲁棒性。

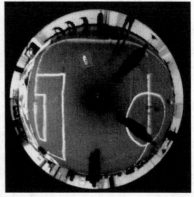

图 4.18　不同光照条件下的识别结果

5. 识别算法的实时性

在机器人车载计算机 CPU 主频为 1.66GHz、内存为 1.0GB 的情况下,机器人使用本算法在全景图像中进行任意足球的全局搜索和识别需要 250~350ms,难以满足机器人足球比赛的实时性要求。与 4.2 节一样,当足球已经被全局识别出来后,机器人能够通过结合使用第 5 章中的球速估计算法来跟踪足球,以减少计算量,提高任意足球识别算法的实时性。当本节的任意足球识别算法连续若干帧稳定地识别出足球后,即可启动球速估计算法来降低算法的计算量,并提高识别的稳定性。根据足球运动的速度预测足球下一帧的位置,并在已预测的位置为中心的局部图像中搜索识别任意足球。若跟踪足球的过程中搜索不到足球,则算法再一次全局地搜索任意足球。算法如图 4.19 所示。

由于在跟踪过程中仅需要处理预测出来的足球附近的图像区域,所以算法实时性得到大大提高。结合球速估计后的任意足球识别算法所需的计算时间如图 4.20 所示。在开始阶段需要全局搜索足球,算法的运算时间为 250~350ms,实时性较差,但在识别算法可以若干帧稳定的识别足球后,通过结合球速估计即可较为有效地跟踪足球,识别算法的运行时间仅为 15~30ms,能够满足比赛的实时性要求。结合球速估计后的一次任意足球识别过程如图 4.21 所示。

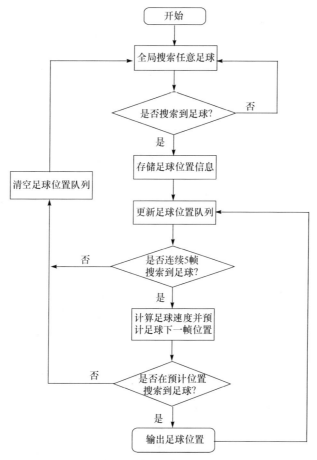

图 4.19　结合跟踪算法的任意足球识别流程图

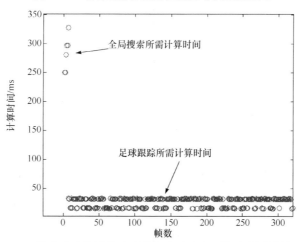

图 4.20　结合球速估计算法后的任意足球识别算法所需计算时间

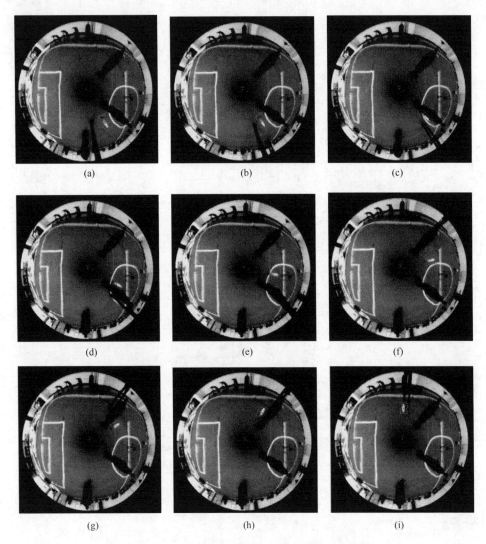

图 4.21　结合球速估计后的任意足球识别结果

(a)和(b)为全局识别结果,(c)~(i)为跟踪过程中的识别结果

4.3.3　小结

本节主要提出了一种基于 AdaBoost 学习算法的任意足球识别方法。在该方法的离线训练过程中,提出了改进的 Haar-like 特征,从采集的训练样本集中提取出改进的 Haar-like 特征后,使用 AdaBoost 学习算法得到用于任意足球识别的强分类器。在在线识别过程中,定义了一系列的矩形窗口,并按照径向和旋转两个方向遍历全景图像以搜索任意足球,即使用离线得到的强分类器判断矩形窗口中是

否包括足球。实验结果表明,该算法具有很高的识别成功率,且误检率较低,结合使用球速估计实现目标跟踪后,算法实时性上也可满足 RoboCup 中型组比赛的实时性要求。

课题组使用该方法参加了 RoboCup 2010 Singapore 的技术挑战赛获得季军,参加 2010 年和 2011 年 RoboCup ChinaOpen 的技术挑战赛,均获得冠军。在这些技术挑战赛中,机器人或需要在场地上搜索任意足球并完成射门,或两个机器人需要使用任意足球完成传接球配合。两个典型的成功过程如图 4.22 所示,该结果也表明即使机器人或者足球处于运动状态,本节提出的任意足球识别方法仍能有效地工作。

(a) 2010 RoboCup ChinaOpen, 机器人需要在场地上搜索任意足球并完成射门

(b) 2011 RoboCup ChinaOpen, 两个机器人使用任意足球完成传接球配合后射门

图 4.22　使用本书提出的任意足球识别方法参加 RoboCup 中型组技术挑战赛的典型过程

4.4　本章小结

　　本章主要研究了足球机器人对以任意颜色和纹理的普通足球为代表的非颜色编码化目标的识别问题,提出了基于全向视觉成像模型的任意足球识别算法和基于 AdaBoost 学习的任意足球识别算法,实验结果表明两种算法均能有效实现对任意足球的识别,既提高了机器人全向视觉系统的鲁棒性,又可以降低 RoboCup 中型组比赛环境的颜色编码化程度,以促进 RoboCup 最终目标的实现。

参 考 文 献

[1] Hanek R,Schmitt T,Buck S,et al. Fast image-based object localization in natural scenes. Proceedings of the 2002 IEEE/RSJ International Conference on Intelligent Robots and Systems, Lausanne,2002: 116-122

[2] Hanek R,Schmitt T,Buck S,et al. Towards RoboCup without color labeling. RoboCup 2002: Robot Soccer World Cup VI,2003: 179-194

[3] Hanek R,Beetz M. The contracting curve density algorithm: Fitting parametric curve models to images using local self-adapting separation criteria. International Journal of Computer Vision,2004,59(3): 233-258

[4] Treptow A,Zell A. Real-time object tracking for soccer-robots without color information. Robotics and Autonomous Systems,2004,48(1): 41-48

[5] Mitri S,Pervölz K,Surmann H,et al. Fast color-independent ball detection for mobile robots. Proceedings of IEEE Mechatronics and Robotics,Aachen,2004: 900-905

[6] Mitri S,Frintrop S,Pervölz K,et al. Robust object detection at regions of interest with an application in ball recognition. Proceedings of IEEE International Conference on Robotics and Automation,Barcelona,2005: 125-130

[7] Coath G,Musumeci P. Adaptive arc fitting for ball detection in RoboCup. APRS Workshop on Digital Image Analysing,Brisbane,2003

[8] Bonarini A,Furlan A,Malago L,et al. Milan RoboCup team 2009. RoboCup 2009,Graz,CD-ROM,2009

[9] Wenig M,Pang K,On P. Arbitrarily colored ball detection using the structure tensor technique. Mechatronics,2011,21(2): 367-372

[10] Martins D A, Neves A J R, Pinho A J. Real-time generic ball recognition in RoboCup domain. Proceedings of the 3th International Workshop on Intelligent Robotics, Lisbon, 2008:37-46

[11] Neves A J R,Pinho A J,Martins D A,et al. An efficient omnidirectional vision system for soccer robots: From calibration to object detection. Mechatronics,2011,21(2): 399-410

[12] Zweigle O,Kappeler U P,Rajaie H,et al. 1. Rfc stuttgart team description 2009. RoboCup

2009,Graz,CD-ROM,2009

[13] Lu H,Zhang H,Xiao J,et al. Arbitrary ball recognition based on omni-directional vision for soccer robots. RoboCup 2008：Robot Soccer World Cup XII,2009：133-144

[14] Lu H,Yang S,Zhang H,et al. Vision-based ball recognition for soccer robots without color classification. Proceedings of the 2009 IEEE International Conference on Information and Automation,Zhuhai,2009：916-921

[15] Lu H,Yang S,Zhang H,et al. A robust omnidirectional vision sensor for soccer robots. Mechatronics,2011,21(2)：373-389

[16] Zhang H,Lu H,Dong P,et al. A novel generic ball recognition algorithm based on omnidirectional vision for soccer robots. International Journal of Advanced Robotic Systems,2013, 10(388)：1-12

[17] 董鹏. 基于全向视觉的足球机器人任意足球识别与跟踪问题研究. 长沙：国防科学技术大学硕士学位论文,2010

[18] 卢惠民,王祥科,刘斐,等. 基于全向视觉和前向视觉的足球机器人目标识别. 中国图象图形学报,2006,11(11)：1686-1689

[19] Viola P,Jones M J. Robust real-time face detection. International Journal of Computer Vision,2004,57(2)：137-154

[20] Lienhart R,Maydt J. An extended set of haar-like features for rapid object detection. Proceedings of the 2002 IEEE International Conference on Image Processing,Rochester,2002：I-900-903

[21] Freund Y,Schapire R E. A short introduction to boosting. Journal of Japanese Society for Artificial Intelligence,1999,14(5)：771-780

[22] Friedman J,Hastie T,Tibshirani R. Additive logistic regression：A statistical view of boosting. The Annals of Statistics,2000,28(2)：771-780

第 5 章　目标跟踪与状态估计

RoboCup 中型组比赛是一个高度动态的环境,比赛双方多达 10 台机器人在 18m×12m 的场地上进行激烈对抗。在这样高度动态的对抗环境里,对方机器人将不仅是高速运动的障碍物,它们还会针对本方机器人实施智能的拦截行为,因而足球机器人所有的运动、规划、决策等自主行为都必须考虑到场上其他机器人或障碍物的位置、速度等状态信息,足球机器人要能够具备精确跟踪多个机动目标的能力。此外,几乎所有的中型组参赛机器人都采用了全向移动平台,这使得机器人能够在不改变姿态的情况下向任意方向移动,意味着机器人可以实现灵活变向以及跟踪任意连续轨迹。而且大部分机器人的最高运动速度可达 3~4m/s,这样突出的机动性能无疑给目标跟踪问题带来相当大的挑战。在这种条件下,研究足球机器人的目标跟踪问题对于探讨高机动多目标跟踪问题具有重要的理论意义和工程价值。

在机器人足球比赛中,足球显然是双方机器人追逐的焦点目标。经过十余年的研究,颜色编码化的足球,如黄色/橙色足球的识别问题已得到很好解决。随着比赛水平的提高,机器人踢球力量的增强和挑射的出现,使足球在场地上的运动速度越来越快,且经常被踢到空中,因此实现足球运动状态如速度、运动轨迹和射门落点等的准确估计对提高机器人的性能具有极为重要的作用,如实现高效的传接球配合、守门员对高球的有效防守等。在高度动态的比赛环境中,视觉感知信息不可避免地存在噪声和外点,这也给足球目标的运动估计带来了较大的挑战。

在第 3 章和第 4 章解决了足球机器人的视觉目标识别问题的基础上,本章首先针对单个目标的跟踪问题,分析足球机器人的运动特点以及对应的目标运动模型,并设计针对单个目标的跟踪滤波算法,同时利用概率密度截断方法扩展单目标跟踪滤波器,引入加速度约束条件,使其对噪声具有较好的鲁棒性;接着在单个目标跟踪滤波器的基础上进行多目标跟踪算法的研究,介绍了多目标跟踪的相关概念,提出了基于联合概率数据关联的多目标跟踪算法,并设计实物实验对算法的有效性进行验证;然后针对二维平面的足球目标运动状态估计问题,提出一种新的基于 RANSAC 和 Kalman 滤波的足球运动速度估计算法,即使在足球视觉检测结果具有较大噪声和突变外点的情况下,也可以很好地估计出足球速度;最后针对三维空间中的足球运动状态估计问题,首次为足球机器人引入双目视觉系统,基于双目视觉实现了在三维空间中对目标足球的识别与定位,并估计其运动信息,包括运动轨迹拟合和落点位置预测,提高了足球机器人在三维空间中的目标感知能力和防守能力。

5.1　基于当前统计模型与状态约束的单目标跟踪

针对足球机器人对单个障碍物目标的跟踪,首先要解决的是目标的建模问题。中型组足球机器人所处的比赛环境是典型的高度动态与对抗环境,这些足球机器人作为被跟踪障碍物目标有着出色的机动性能,往往没有比较固定的运动轨迹和机动周期。因此,如何对这些目标进行建模是首先要解决的问题。

第二个面临的问题是测量"野点"的影响。在 Kalman 滤波算法中,目标状态的更新是基于新息进行的,当新息收敛到零也就意味着跟踪滤波器的收敛。如果从这个角度来看,选择合适的运动模型就是为了减少预测误差而实现新息的最小化。但是,预测误差只是新息中的一部分,对于测量引入的误差,再好的预测模型也无能为力。在第 3 章中已经得到了黑色障碍物目标识别具有较稳定的噪声特性的结论,但是在实际比赛过程中,不可避免地会有场地光照不均匀、其他机器人身上具有非黑色的裸露部分或者与其他机器人发生了碰撞等非理想情况的存在,可能导致测量结果产生较大的抖动,而非正常的高斯噪声。所以,在这种环境下的目标跟踪算法必须具有较好的抗测量野点与噪声的鲁棒性。

因此,本节提出了基于当前统计模型与状态约束的单目标跟踪算法,以解决上面提出的问题。5.1.1 节首先分析足球机器人的运动特点,5.1.2 节根据各种运动模型的优缺点选择最能代表目标运动的数学模型,5.1.3 节提出基于概率密度截断的滤波约束方法以及完整的单目标跟踪滤波算法,5.1.4 节对算法进行实验验证,5.1.5 节为小结。

5.1.1　足球机器人的运动特点

足球机器人的运动虽然灵活多变,无法准确预知,但也并不是完全随机的,具有一些内在的规律可循。例如,机器人的运动通常是为了实现某种战术动作,像移动站位、追球、带球运动、阻截防守、传接球配合等,图 5.1 显示了这些典型的动作。在这些情况下,机器人的运动呈现明显的规律性,例如,移动站位的末速度是零;追球与阻截防守运动的目标位置分别为足球与带球机器人;带球运动的末端朝向是球门位置等。只有当机器人出现故障时,它才有可能发生完全不规则的运动。

其次,足球机器人都是自主运行的,它的运动规律在一定程度上由其控制算法决定。反过来说,如果能够对被跟踪目标采用的控制算法做出合理假设,那么就能够掌握目标的运动规律。例如,全向移动机器人最常用的运动控制算法是基于运动学的状态反馈(或 PID)的解耦控制器[1]。在这种算法的控制作用下,当给定某一静止目标点时(如站位动作),机器人的运动速度将呈现类似图 5.2 所示的指数衰减模型。这种运动形式正符合将要介绍的 Singer 模型。又如 Bang-Bang 控制，是另外一种足球机器人常用的运动控制算法[2]，因为在比赛过程中总是希望机器人能以最快的速度、最短的时间到达目标位置或状态，而 Bang-Bang 控制可以实现时间最优控制。在这种控制算法的作用下，足球机器人将尽可能以最大加速度或减速度运动。对这种在几个有限状态中跳变的随机过程也可以通过半 Markov 跳变模型进行有效跟踪[3]。

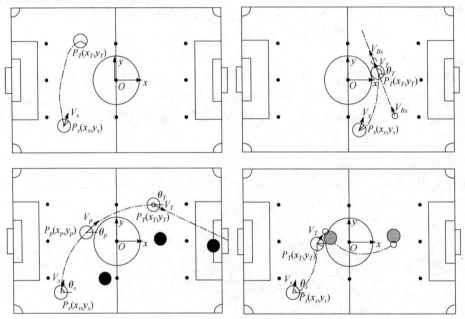

图 5.1　站位、追球、带球运动、阻截防守等四种典型动作

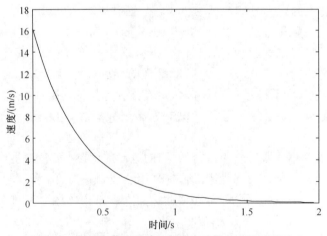

图 5.2　点镇定状态反馈控制器产生的理想速度指令

最后,足球机器人的运动范围是受限的。例如,正常运行的机器人不会跑出场地区域,而且作为一个物理系统,足球机器人的运动能力也受到了电机功率、轮子与地面摩擦力等方面的限制,如目前所有中型组足球机器人的最大平移加速度不超过 $3\text{m}/\text{s}^2$,而且这一参数还会随着机器人平移和转动速度的提高而下降。

上面介绍的所有因素都可以作为先验知识融合到足球机器人的跟踪滤波算法中,以此提高算法的准确性以及针对性。

5.1.2　目标运动模型

选择合适的目标运动模型是跟踪滤波算法设计的重要部分,建立合理的运动模型有助于准确地预测被跟踪目标的未来状态或运动轨迹,是实现精确跟踪的重要条件。下面将对几种常见的数学模型进行分析,指出其在足球机器人比赛中可能的应用情景。

在跟踪问题研究中,目标的运动学模型主要以状态空间模型表示:

$$\boldsymbol{x}_{k+1}=f_k(\boldsymbol{x}_k,u_k,w_k) \tag{5.1}$$

其中,$\boldsymbol{x}_k$ 为目标状态;u_k 为控制输入;w_k 为过程噪声;f_k 为与时间有关的向量函数,决定了目标的运动规律;k 为采样时刻,通常与获得测量的时刻相对应。

这个离散时间模型是由连续时间模型

$$\dot{\boldsymbol{x}}(t)=f[\boldsymbol{x}(t),u(t),w(t)] \tag{5.2}$$

进行离散化得来的。虽然连续时间模型更加符合目标的运动规律,建模更精确,但是由于很难在计算机上实现,所以只适合进行理论分析。在实际的跟踪算法设计过程中,一般会采用以下线性化离散模型,即

$$\boldsymbol{x}_{k+1}=F_k\,\boldsymbol{x}_k+G_k^u u_k+G_k w_k \tag{5.3}$$

由于无法得知目标的真实控制输入 u_k,所以一般会忽略这一项并把它当作噪声的一部分。

对于运动于空间中的点目标,通常取其直角坐标系下各个方向的位置、速度、加速度甚至是加速度的导数作为状态,即状态向量 $\boldsymbol{x}=\begin{bmatrix}x & \dot{x} & \ddot{x} & \dddot{x}\end{bmatrix}^{\mathrm{T}}$。本书研究的目标障碍物(足球机器人)是在二维空间中运动的点目标,但是在下面的讨论中,为了简明起见,将忽略目标运动在空间上的耦合作用并只考虑其中的一个运动方向。

1. 静止模型

在所有的运动模型中,最简单和基础的模型莫过于静止模型,即

$$\dot{x}(t)=w(t)\approx 0 \tag{5.4}$$

其中,状态 $\boldsymbol{x}=[x]$ 只含目标的位置分量;$w(t)$ 是零均值、方差为 σ^2 的白噪声。

对应的离散模型为

$$x_{k+1} = x_k + w_k \tag{5.5}$$

静止模型认为目标基本没在运动,所有不可预知的控制作用和误差都只是白噪声干扰。由于这个模型太理想化或者说目标几乎不可能处于静止状态,通常的目标跟踪问题不会考虑上述静止模型。但是在足球机器人比赛中,目标处于静止状态的可能性很大,比如守门员机器人在大部分情况下是静止的;其他担当防守或进攻角色的机器人在到达其防守位置或者是传接球点时也都会停下来等待局势进一步发展。在这些情况下,只有静止模型才最符合目标运动的实际情况。更高阶或更复杂的运动模型需要很长时间才能收敛到静止状态,因而产生较大的误差。

2. 匀速与匀加速运动模型

相对于静止模型,二阶的匀速运动(CV)模型是更为常见的模型,也称为非机动模型

$$\begin{bmatrix} \dot{x} \\ \ddot{x} \end{bmatrix} = \begin{bmatrix} 0 & 1 \\ 0 & 0 \end{bmatrix} \begin{bmatrix} x \\ \dot{x} \end{bmatrix} + \begin{bmatrix} 0 \\ 1 \end{bmatrix} w(t) \tag{5.6}$$

其中,状态变量 x 包含了目标的位置与速度;$w(t)$ 是零均值的白噪声。对应的离散模型为

$$\begin{bmatrix} x_{k+1} \\ \dot{x}_{k+1} \end{bmatrix} = \begin{bmatrix} 1 & T \\ 0 & 1 \end{bmatrix} \begin{bmatrix} x_k \\ \dot{x}_k \end{bmatrix} + \begin{bmatrix} \dfrac{T^2}{2} \\ T \end{bmatrix} w_k \tag{5.7}$$

其中,T 为采样间隔。

CV模型认为虽然干扰的存在会改变目标下一时刻的运动速度,但是目标在整体上是匀速运动(即非机动状态)。这一模型的最大优点是形式简单,当目标机动幅度很小或采样间隔很短时,目标的运动确实可以有效近似为匀速运动。但是也正如其名,该模型并不适合于目标运动发生频繁或大幅度变化的场合。

在足球机器人比赛中,目标匀速运动通常发生在长距离运动的过程中,比如抢夺位于远处的足球或者是机器人的角色发生变化导致回防或站位的时候。由于足球机器人的加速性能比较突出,通常只需要 $0.5 \sim 1\text{s}$ 的时间就可以从静止加速到所需的甚至是最高的速度,所以足球机器人通常会以(最高速度)匀速运动的方式完成长距离的移动(假设不存在障碍物或者绕开障碍物的需要)。

在CV模型的基础上还有三阶的匀加速(CA)模型,其形式为

$$\begin{bmatrix} \dot{x} \\ \ddot{x} \\ \dddot{x} \end{bmatrix} = \begin{bmatrix} 0 & 1 & 0 \\ 0 & 0 & 1 \\ 0 & 0 & 0 \end{bmatrix} \begin{bmatrix} x \\ \dot{x} \\ \ddot{x} \end{bmatrix} + \begin{bmatrix} 0 \\ 0 \\ 1 \end{bmatrix} w(t) \tag{5.8}$$

对应的离散形式为

$$\begin{bmatrix} x_{k+1} \\ \dot{x}_{k+1} \\ \ddot{x}_{k+1} \end{bmatrix} = \begin{bmatrix} 1 & T & \dfrac{T^2}{2} \\ 0 & 1 & T \\ 0 & 0 & 1 \end{bmatrix} \begin{bmatrix} x_k \\ \dot{x}_k \\ \ddot{x}_k \end{bmatrix} + \begin{bmatrix} \dfrac{T^2}{2} \\ T \\ 1 \end{bmatrix} w_k \tag{5.9}$$

在实际的应用中,足球机器人(或其他目标)真正匀加速运动的可能性很小或者持续时间非常短。CA 模型的主要作用是引入了目标的加速度状态 $\ddot{x}$,在后面的讨论中将可以看到以 CA 模型为基础衍生出的更合理的模型以及本节提出的通过引入加速度约束条件来提高跟踪滤波算法的精度与鲁棒性。

3. 时间相关模型

在前面介绍的静止、CV 与 CA 模型中,都假设过程噪声 w(包含了未知的控制输入 u)是与时间无关的统计独立的白噪声。但在实际的应用中这点假设通常是不成立的,因为目标的运动不可能是完全随机的。正如前面提到的足球机器人的典型运动情况一样,目标的机动必然伴随一定的战术或物理意义,也会存在由大变小或由小变大的过程。这样的过程就存在时间相关性,也称为 Markov 过程。

针对这个问题,Singer 提出了具有代表意义的 Singer 加速度模型(三阶系统一阶时间相关模型)[4],他将目标的机动(即加速度)看成与时间相关的有色噪声序列而非时间无关的白噪声序列。这一模型假设目标的机动加速度 a 服从零均值的一阶平稳 Markov 过程,且其自相关函数符合

$$R_a(\tau) = E[a(t+\tau)a(t)] = \sigma^2 e^{-a|\tau|} \tag{5.10}$$

其中,σ^2 为目标机动加速度的方差;$\alpha = 1/T_m$ 为机动频率,即目标机动加速度持续时间 T_m 的倒数,非负。此时,机动加速度 a 可用输入为白噪声的一阶相关模型表示为

$$\dot{a}(t) = -\alpha a(t) + w(t) \tag{5.11}$$

或离散形式为

$$a_{k+1} = \beta a_k + w_k, \quad \beta = e^{-aT} \tag{5.12}$$

其中,w 是均值为零且方差为 $\sigma^2(1-\beta^2)$ 的白噪声。由于 $\beta = e^{-aT} \leqslant 1$,意味着机动加速度 a 将随着时间推移呈不断衰减的趋势,这是 Singer 模型的关键特征。完整的 Singer 加速度模型为

$$\begin{bmatrix} \dot{x} \\ \ddot{x} \\ \dddot{x} \end{bmatrix} = \begin{bmatrix} 0 & 1 & 0 \\ 0 & 0 & 1 \\ 0 & 0 & -\alpha \end{bmatrix} \begin{bmatrix} x \\ \dot{x} \\ \ddot{x} \end{bmatrix} + \begin{bmatrix} 0 \\ 0 \\ 1 \end{bmatrix} w(t) \tag{5.13}$$

对应的离散实现形式为

$$\begin{bmatrix} x_{k+1} \\ \dot{x}_{k+1} \\ \ddot{x}_{k+1} \end{bmatrix} = \begin{bmatrix} 1 & T & (\alpha T - 1 + e^{-\alpha T})/\alpha^2 \\ 0 & 1 & (1 - e^{-\alpha T})/\alpha \\ 0 & 0 & e^{-\alpha T} \end{bmatrix} \begin{bmatrix} x_k \\ \dot{x}_k \\ \ddot{x}_k \end{bmatrix} + \begin{bmatrix} 0 \\ 0 \\ 1 \end{bmatrix} w_k \tag{5.14}$$

$$\stackrel{\text{def}}{=} \boldsymbol{F}_s \boldsymbol{x}_k + \boldsymbol{G} w_k$$

同理有二阶系统的一阶时间相关模型：

$$\begin{bmatrix} \dot{x} \\ \ddot{x} \end{bmatrix} = \begin{bmatrix} 0 & 1 \\ 0 & -\alpha \end{bmatrix} \begin{bmatrix} x \\ \dot{x} \end{bmatrix} + \begin{bmatrix} 0 \\ 1 \end{bmatrix} w(t) \tag{5.15}$$

$$\begin{bmatrix} x_{k+1} \\ \dot{x}_{k+1} \end{bmatrix} = \begin{bmatrix} 1 & (1 - e^{-\alpha T})/\alpha \\ 0 & e^{-\alpha T} \end{bmatrix} \begin{bmatrix} x_k \\ \dot{x}_k \end{bmatrix} + \begin{bmatrix} 0 \\ 1 \end{bmatrix} w_k \tag{5.16}$$

此时的目标速度与时间一阶相关，即

$$\dot{v}(t) = -\alpha v(t) + w(t) \tag{5.17}$$

当目标的运动呈现出长时间强烈振荡时，还可以考虑采用二阶时间相关模型，使得机动加速度的时间相关函数为衰减振荡形式，其具体形式这里不再介绍。

本节认为，目标跟踪问题中的 Singer 模型与运动控制问题中的状态反馈控制算法存在着一种对偶的关系。5.1.1 节曾经提及基于状态反馈控制算法的机器人运动特性，一般针对二阶运动学模型的状态反馈控制律具有以下形式：

$$v_{\text{cmd}} = K(r - x) \tag{5.18}$$

其中，r 为目标位置；x 为当前位置；K 为反馈比例系数，$K > 0$；v_{cmd} 为速度指令，也即控制算法的输出结果。

如果将式(5.18)两边同时对时间求导，可以得到

$$\dot{v}_{\text{cmd}} = -K\dot{x} + K\dot{r} \tag{5.19}$$

假设机器人能够完全按照给定的速度指令运动，不存在执行器饱和问题（如还没达到最高速度或加速度限制），那么将有 $v \equiv \dot{x} = v_{\text{cmd}}$，代入式(5.19)得

$$\dot{v} = -Kv + b \tag{5.20}$$

其中，记 $b = K\dot{r}$，如果目标位置 r 不随时间变化或变化很小，将有 $b \approx 0$。

对比式(5.20)和式(5.17)可以发现，两者具有完全一致的形式。反馈比例系数 K 对应着机动频率 α，目标位置 r 变化引起的改变量 b 对应着噪声 w。在控制问题中，反馈比例系数 K 越大，误差收敛的时间就越短。类似地，在跟踪问题中，系数 α 越大，机动的持续时间就越短。由此可见，跟踪问题与控制问题是对偶的，通过选择合适的机动频率 α 以及噪声 w，就有可能准确地预测到目标的运动。

4. 当前统计模型

从上面的分析可以知道，Singer 模型非常适合用于足球机器人的目标运动建模。但是 Singer 模型认为目标的加速度（或二阶模型的速度）噪声在任意时刻的

均值为零,回想前面介绍的 Singer 模型与状态反馈控制算法的联系,意味着假设控制算法的目标位置 r 不发生变化或变化很小,这就带来了很大的局限性。针对 Singer 模型的零均值假设问题,周宏仁在 Singer 模型的基础上提出了一种"当前"统计(CS)模型[5],使得模型具有自适应非零均值加速度的特点。这一模型的非零均值时间相关模型如下:

$$\ddot{x}(t)=\bar{a}+a(t) \tag{5.21}$$

其中,$\ddot{x}(t)$ 为目标的加速度状态变量;$\bar{a}$ 为加速度状态变量的均值;$a(t)$ 为 Singer 模型中的零均值有色加速度噪声。

结合式(5.11)与式(5.21)有

$$\begin{aligned}
\dot{a}(t)&=-\alpha(\ddot{x}(t)-\bar{a})+w(t)\\
&=-\alpha\ddot{x}(t)+w'(t)
\end{aligned} \tag{5.22}$$

其中,w' 是均值为 $\alpha\bar{a}$ 的白噪声;$\bar{a}$ 通常取当前时刻目标加速度的期望值 $E[\ddot{x}_{k+1}\mid z^k]$,也就是跟踪滤波器本身对目标加速度的预测结果。换句话说,这一模型认为状态变量(加速度)的估值正是状态噪声的均值(乘以某一常数)。由于模型考虑了目标的当前状态信息,所以称为"当前"统计模型。这一模型的完整形式为

$$\begin{bmatrix}\dot{x}\\\ddot{x}\\\dddot{x}\end{bmatrix}=\begin{bmatrix}0&1&0\\0&0&1\\0&0&-\alpha\end{bmatrix}\begin{bmatrix}x\\\dot{x}\\\ddot{x}\end{bmatrix}+\begin{bmatrix}0\\0\\\alpha\end{bmatrix}\bar{a}_k+\begin{bmatrix}0\\0\\1\end{bmatrix}w(t) \tag{5.23}$$

对应的离散时间模型为

$$\begin{bmatrix}x_{k+1}\\\dot{x}_{k+1}\\\ddot{x}_{k+1}\end{bmatrix}=\boldsymbol{F}_s\boldsymbol{x}_k+\left(\begin{bmatrix}\dfrac{T^2}{2}\\T\\1\end{bmatrix}-\begin{bmatrix}(\alpha T-1+\mathrm{e}^{-\alpha T})/\alpha^2\\(1-\mathrm{e}^{-\alpha T})/\alpha\\\mathrm{e}^{-\alpha T}\end{bmatrix}\right)\bar{a}_k+\begin{bmatrix}0\\0\\1\end{bmatrix}w_k \tag{5.24}$$

其中的状态转移矩阵 $\boldsymbol{F}_s$ 见式(5.14)。

除了采用了自适应非零均值时间相关模型,"当前"统计模型还根据一种修正的瑞利分布来动态决定机动加速度的过程噪声方差 $\sigma^{2[5]}$。这与 Singer 模型采用的近似均匀分布假设相比,更能反映目标机动范围和强度的变化,使得跟踪滤波器可以对目标机动做出快速反应(收敛),提高了跟踪精度,特别适用于目标强烈机动的跟踪环境。

经过以上分析,认为在只采用单一模型的情况下,"当前"统计模型较其他模型有更强的目标机动适应性,非常适合足球机器人目标的运动建模。因此,在后面的研究中将以这一模型为基础进行跟踪滤波器的设计。

5.1.3 滤波器约束条件

足球机器人作为一个真实存在的物理系统,如果不发生撞击,其运动轨迹是连续且平滑的,所以一个好的目标跟踪滤波器的输出轨迹也应该是平滑的。但是,由于测量野值与噪声的存在,常规的 Kalman 滤波器并不能做到这一点,它只是一种考虑了高斯噪声的实时递归最优线性滤波器。

如果从问题的本质去思考,不难发现,真实目标的轨迹之所以平滑是因为受到了物理条件的约束,那么给 Kalman 滤波器增加合理的约束条件也就可以实现平滑的轨迹输出。研究发现,通过以约束条件的形式提供先验信息时,可以得到比不考虑这些信息的 Kalman 滤波算法更优的估计值[6-11]。因此,本节将结合足球机器人的运动性能讨论如何给跟踪滤波器增加约束条件。

1. 针对足球机器人的约束条件

如果从控制领域的角度考虑足球机器人的约束问题,那么相关的研究就是考虑全向移动平台的速度容许控制范围。文献[12]指出由于受驱动电机的特性影响,三轮全向移动平台的平动、转动容许控制范围具有如图 5.3 所示的锥体形状,其中的 q_x、q_y、q_θ 为机器人的平动与转动等效控制输入。类似地,文献[13]指出了四轮全向移动平台也存在类似的约束条件,即

$$\begin{cases} q_x^2 + q_y^2 \leqslant 4 \\ |q_\theta| \leqslant 4 \\ \dfrac{q_x^2 + q_y^2}{1} - \dfrac{(q_\theta - 4)^2}{2} \leqslant 0 \\ \dfrac{q_x^2 + q_y^2}{1} - \dfrac{(q_\theta + 4)^2}{2} \leqslant 0 \end{cases} \tag{5.25}$$

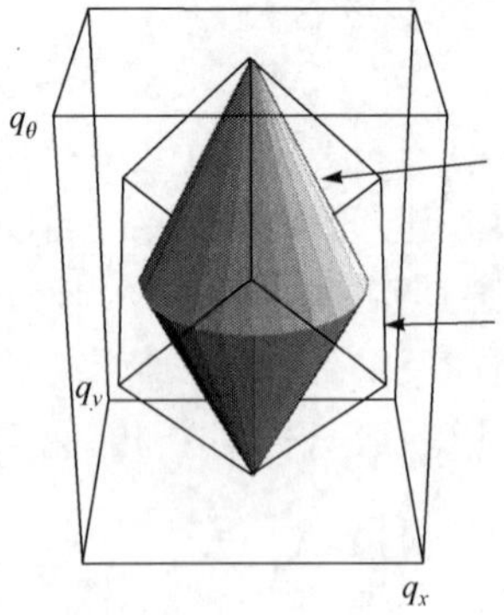

图 5.3　三轮全向移动机器人的容许控制范围[12]

　　这些约束条件真实反映了目标运动的物理限制,但显然这些约束条件形式过于复杂,而且目前也没有针对目标转动速度的测量方法,所以不能作为跟踪滤波器的约束条件。在这种情况下,不妨退而求其次,将约束条件简化为目标的最大速度与加速度能力限制。

　　足球机器人的最大速度与加速度这两个参数一般比较容易获得。对于本节的 NuBot 足球机器人,其性能满足

$$\begin{cases} |a|<240\text{cm/s}^2 \\ |v|<400\text{cm/s} \end{cases} \tag{5.26}$$

而对于其他参赛队的足球机器人,这两个参数也通常是公开的或者可以通过简单统计的方式获得。除了容易获得以外,更重要的是速度与加速度本身就是目标状态估计的一部分。由于位置、速度与加速度之间的微分关系,作用在目标位置上的测量噪声(或野值)会在目标的速度、加速度状态估计上产生放大,形成较大的速度与加速度尖峰而突破了上述两个参数的限制。所以将最大速度与加速度作为约束条件是合适的,将利用式(5.26)作为跟踪滤波器的状态约束条件。

2. 约束条件的引入方法

　　对于等式约束,常见处理方法有模型降阶[14]、附加伪测量[6,15]、估值投影[10]、增益投影[11]、概率密度截断[16]及滚动时域估计(MHE)[17]等方法[18],其中估值投影、概率密度函数截断、滚动时域估计等方法也可以处理不等式约束条件。

　　滚动时域估计是目前公认的效果较好的估计方法,与模型预测控制(model predictive control,MPC)的原理类似,该算法通过对前一时间窗内的积分误差进行近似最小化来完成离散时刻的最优估计,精度较高,而且对系统与约束条件的形式不进行限制,不管线性还是非线性、等式还是不等式都适用。但是该算法的缺点也很明显,计算量大、实时性不好,所以并不适合本节的应用场景。

　　考虑到式(5.26)的形式简单,采用具有较小约束误差与计算量的概率密度截断法作为引入状态估计约束的方法。

3. 概率密度截断法

　　概率密度截断法的原理如图 5.4 所示。假设标量 x 是目标状态的某一个分量,在完成 Kalman 滤波更新以后具有如图所示的高斯概率密度分布,但是空间中的某些区域并不满足状态约束条件(如图中 $x<-2$ 与 $x>-1$ 的部分,当左右约束相同时就变成了等式约束)。概率密度截断法的思想是将不满足约束的区域的概率密度置零,然后将剩余部分归一化并利用其均值、方差作为经过约束以后的状态估计。算法的具体步骤以及完整的数学表达如下。

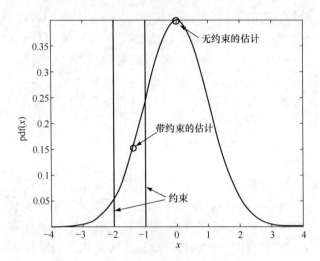

图 5.4　概率密度函数截断法示意图[16]

假设在 k 时刻有如下 s 个约束条件：

$$a_i \leqslant \boldsymbol{D}_i \boldsymbol{x} \leqslant b_i, \quad i=1,\cdots,s \tag{5.27}$$

其中，$\boldsymbol{D}_i$ 是 $1 \times n$ 的行向量；$\boldsymbol{D}_i \boldsymbol{x}$ 是目标状态的线性组合；记 $\hat{\boldsymbol{x}}$ 与 $\boldsymbol{P}$ 为来自 Kalman 滤波器的没有经过约束的状态输出；$\tilde{\boldsymbol{x}}_i$ 与 $\widetilde{\boldsymbol{P}}_i$ 为经过第 i 个约束条件限制以后的状态估计。不妨考虑如下变换：

$$\boldsymbol{z}_i = \boldsymbol{\rho} \boldsymbol{W}^{-1/2} \boldsymbol{T}^{\mathrm{T}} (\boldsymbol{x} - \tilde{\boldsymbol{x}}_i) \tag{5.28}$$

其中，$\boldsymbol{\rho}$ 是 $n \times n$ 正交矩阵；$\boldsymbol{T}$ 与 $\boldsymbol{W}$ 是 $\widetilde{\boldsymbol{P}}_i$ 的奇异值分解，满足

$$\boldsymbol{T} \boldsymbol{W} \boldsymbol{T}^{\mathrm{T}} = \widetilde{\boldsymbol{P}}_i \tag{5.29}$$

可以通过对矩阵 $\boldsymbol{W}^{-1/2} \boldsymbol{T}^{\mathrm{T}} \boldsymbol{D}_i^{\mathrm{T}}$ 进行格拉姆-施密特正交化使得 $\boldsymbol{\rho}$ 满足

$$\boldsymbol{\rho} \boldsymbol{W}^{-1/2} \boldsymbol{T}^{\mathrm{T}} \boldsymbol{D}_i^{\mathrm{T}} = [(\boldsymbol{D}_i \widetilde{\boldsymbol{P}}_i \boldsymbol{D}_i^{\mathrm{T}})^{1/2} \quad 0 \quad \cdots \quad 0]^{\mathrm{T}} \tag{5.30}$$

可以证明，变换结果 $\boldsymbol{z}_i$ 的均值为零且其协方差矩阵为单位阵。此时式(5.27)的上边界可以变换为

$$\boldsymbol{D}_i \boldsymbol{x} \leqslant b_i$$
$$\boldsymbol{D}_i \boldsymbol{T} \boldsymbol{W}^{1/2} \boldsymbol{\rho}^{\mathrm{T}} \boldsymbol{z}_i + \boldsymbol{D}_i \tilde{\boldsymbol{x}}_i \leqslant b_i$$
$$\frac{\boldsymbol{D}_i \boldsymbol{T} \boldsymbol{W}^{1/2} \boldsymbol{\rho}^{\mathrm{T}} \boldsymbol{z}_i}{(\boldsymbol{D}_i \widetilde{\boldsymbol{P}}_i \boldsymbol{D}_i^{\mathrm{T}})^{1/2}} \leqslant \frac{b_i - \boldsymbol{D}_i \tilde{\boldsymbol{x}}_i}{(\boldsymbol{D}_i \widetilde{\boldsymbol{P}}_i \boldsymbol{D}_i^{\mathrm{T}})^{1/2}} \tag{5.31}$$
$$[1 \quad 0 \quad \cdots \quad 0] \boldsymbol{z}_i \leqslant \frac{b_i - \boldsymbol{D}_i \tilde{\boldsymbol{x}}_i}{(\boldsymbol{D}_i \widetilde{\boldsymbol{P}}_i \boldsymbol{D}_i^{\mathrm{T}})^{1/2}} \stackrel{\text{def}}{=} d_i$$

同理有下边界：

$$[1 \quad 0 \quad \cdots \quad 0] \boldsymbol{z}_i \geqslant \frac{a_i - \boldsymbol{D}_i \tilde{\boldsymbol{x}}_i}{(\boldsymbol{D}_i \widetilde{\boldsymbol{P}}_i \boldsymbol{D}_i^{\mathrm{T}})^{1/2}} \stackrel{\text{def}}{=} c_i \tag{5.32}$$

于是得到

$$c_i \leqslant [1 \quad 0 \quad \cdots \quad 0] z_i \leqslant d_i \tag{5.33}$$

此时问题就转化为图 5.4 所示的单变量约束问题,而且这个变量服从 $N(0,1)$ 的高斯分布。下面计算约束区域 d_i 与 c_i 之间的概率密度:

$$\int_{c_i}^{d_i} \frac{1}{\sqrt{2\pi}} \exp(-\zeta^2/2) \mathrm{d}\zeta = \frac{1}{2} [\mathrm{erf}(d_i/\sqrt{2}) - \mathrm{erf}(c_i/\sqrt{2})] \tag{5.34}$$

其中,erf(•)是误差函数。经过截断以后的概率密度函数为

$$\mathrm{pdf}(\zeta) = \begin{cases} \alpha \exp(-\zeta^2/2), & \zeta \in [c_i, d_i] \\ 0, & \text{否则} \end{cases}$$

$$\alpha = \frac{\sqrt{2}}{\sqrt{\pi}[\mathrm{erf}(d_i/\sqrt{2}) - \mathrm{erf}(c_i/\sqrt{2})]}$$

对应有这一区域的均值和方差:

$$\begin{aligned}
\mu &= E[z_{i+1}] \\
&= \alpha \int_{c_i}^{d_i} \zeta \exp(-\zeta^2/2) \mathrm{d}\zeta \\
&= \alpha [\exp(-c_i^2/2) - \exp(-d_i^2/2)] \\
\sigma^2 &= E[(z_{i+1} - \mu)^2] \\
&= \alpha \int_{c_i}^{d_i} (\zeta - \mu)^2 \exp(-\zeta^2/2) \mathrm{d}\zeta \\
&= \alpha [\exp(-c_i^2/2)(c_i - 2\mu) - \exp(-d_i^2/2)(d_i - 2\mu)] + \mu^2 + 1
\end{aligned} \tag{5.35}$$

于是有经过变化后的 z_i 有

$$\begin{aligned}
\tilde{z}_{i+1} &= [\mu \quad 0 \quad \cdots \quad 0]^{\mathrm{T}} \\
\mathrm{Cov}(\tilde{z}_{i+1}) &= \mathrm{diag}(\sigma^2, 1, \cdots, 1)
\end{aligned} \tag{5.36}$$

最后对 $\tilde{z}_{i+1}$ 进行反变换得到满足第 i 个约束条件的状态估计:

$$\begin{aligned}
\tilde{x}_{i+1} &= \boldsymbol{T} \boldsymbol{W}^{1/2} \boldsymbol{\rho}^{\mathrm{T}} \tilde{z}_{i+1} + \tilde{x}_i \\
\widetilde{\boldsymbol{P}}_{i+1} &= \boldsymbol{T} \boldsymbol{W}^{1/2} \boldsymbol{\rho}^{\mathrm{T}} \mathrm{Cov}(\tilde{z}_{i+1}) \boldsymbol{\rho} \boldsymbol{W}^{1/2} \boldsymbol{T}^{\mathrm{T}}
\end{aligned} \tag{5.37}$$

算法如此迭代进行,直到完成最后一个约束条件。

可以看到,这种方法直接利用了 Kalman 滤波器的状态估计与方差输出,不需要对滤波器进行修改,所以具有很强的通用性。而且与估计投影、增益投影等其他只对状态 x 进行处理而不考虑协方差矩阵 $\boldsymbol{P}$ 的方法相比,概率密度截断法具有更高的精度。

5.1.4　单目标跟踪滤波器

结合 5.1.3 节的约束条件,将式(5.26)写成式(5.27)的矩阵形式将有

$$A \leqslant Dx \leqslant B$$

$$A = \begin{bmatrix} -a_{\max} \\ -a_{\max} \\ -v_{\max} \\ -v_{\max} \end{bmatrix}, \quad D = \begin{bmatrix} 0 & 0 & 1 & 0 & 0 & 0 \\ 0 & 0 & 0 & 0 & 0 & 1 \\ 0 & 1 & 0 & 0 & 0 & 0 \\ 0 & 0 & 0 & 0 & 1 & 0 \end{bmatrix}, \quad B = \begin{bmatrix} a_{\max} \\ a_{\max} \\ v_{\max} \\ v_{\max} \end{bmatrix} \tag{5.38}$$

其中,状态向量 $x = [x \quad v_x \quad a_x \quad y \quad v_y \quad a_y]^{\mathrm{T}}$。注意到 $\frac{1}{2} a_{\max} T^2 < v_{\max} T$,说明加速约束比速度约束更严格。为了减轻计算负担,只考虑加速度约束。

综合前面的介绍,完整的单目标跟踪滤波器算法流程如下:

1. 获得测量结果 $z_k = [l_k \quad \varphi_k]^{\mathrm{T}}$;
2. 进行扩展 Kalman 滤波:
(1) 利用式(5.24)的"当前"统计模型预测目标状态 $x_{k|k-1}$ 与 $P_{k|k-1}$;
(2) 计算雅可比矩阵 $H_k = H_x(x_{k|k-1})$;
(3) 测量更新:
① 计算新息:

$$v = z_k - H_k x_{k|k-1}$$
$$S = HP_{k|k-1}H^{\mathrm{T}} + R$$

② 计算 Kalman 增益与状态更新:

$$K = P_{k|k-1}H_k S^{-1}$$
$$x_k = x_{k|k-1} - Kv$$
$$P_k = P_{k|k-1} - KSK^{\mathrm{T}}$$

3. 状态约束(概率密度截断处理):
(1) 初始化:

$$\tilde{x}_i = x_k, \quad \tilde{P}_i = P_k$$
$$D = \begin{bmatrix} D_1 \\ D_2 \end{bmatrix} = \begin{bmatrix} 0 & 0 & 1 & 0 & 0 & 0 \\ 0 & 0 & 0 & 0 & 0 & 1 \end{bmatrix}$$
$$a = -a_{\max}, \quad b = a_{\max}$$

(2) 迭代两次,$i = 1, 2$:
① 计算 $\tilde{P}_i$ 奇异值分解,$TWT^{\mathrm{T}} = \tilde{P}_i$;
② 求矩阵 $W^{-1/2}T^{\mathrm{T}}D_i^{\mathrm{T}}$ 的格拉姆-施密特正交化,见式(5.30);
③ 求变换后的 c_i、d_i,见式(5.31)与式(5.32);
④ 求均值 μ 与方差 σ^2,见式(5.35);
⑤ 求 $\tilde{x}_{i+1}$ 与 $\tilde{P}_{i+1}$,见式(5.37)。
4. 结果输出,$\tilde{x}_k$ 与 $\tilde{P}_k$,$k+1 \to k$。

5.1.5　实验结果与分析

为了验证引入加速度约束条件以后的跟踪效果，对数据分别进行带与不带约束条件的跟踪滤波处理对比。实验设置如图 5.5 所示，实验数据来源于静止机器人对运动机器人的视觉测量结果。跟踪滤波器的目标运动模型采用了"当前"统计模型，最大加速度约束为 240cm/s^2，加速度噪声方差设为 $19200(a_{max}^2/3)$，采用周期 $T = 1/30\text{s}$。跟踪滤波器对目标状态的估计结果如图 5.6 与图 5.7 所示。

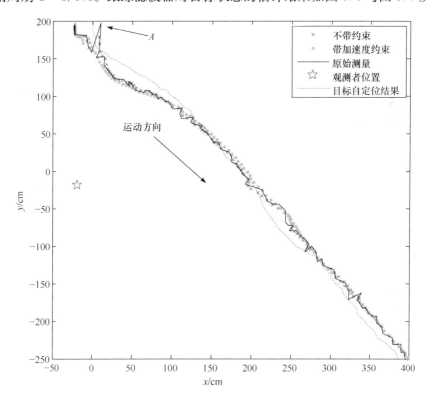

图 5.5　实验目标的运动轨迹以及位置跟踪结果

从图 5.5 可以看到，引入了加速度约束以后，目标的位置估计结果更加平滑。在目标轨迹的前段（图中 A 点处），在开始运动约 0.8s 后，视觉测量结果产生了较大的偏差（野点），对目标的状态估计产生了较大的影响。但是可以看到，引入加速度约束以后，这个影响得到了抑制。

图 5.6 与图 5.7 更加直观地显示了运动约束条件对噪声的抑制效果。从图 5.7 的目标加速度估计结果可以明显看到两者的区别。由于测量噪声与野点的存在，目标的加速度估计有很大的波动，已经明显超出了目标运动的物理限制。此

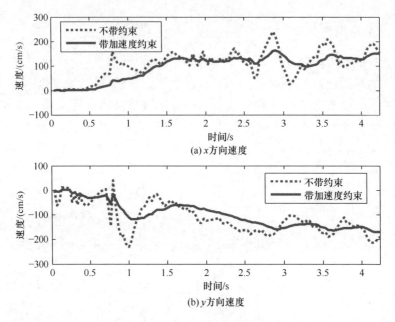

图 5.6　目标速度估计结果对比

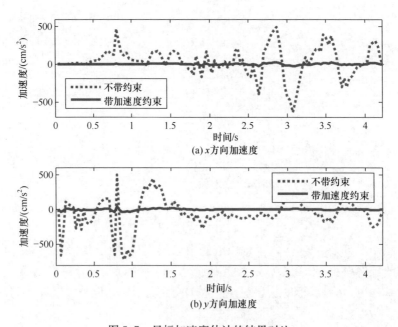

图 5.7　目标加速度估计的结果对比

时约束条件的作用并不是简单的幅度限制,而是在 Kalman 滤波结果的基础上调整了整个目标状态空间的概率密度分布,其结果更加符合目标运动的真实情况(即匀速直线运动）。

能够实现如图 5.6 与图 5.7 所示的平滑的目标速度、加速度估计是非常重要的。在 5.2 节的多目标跟踪问题研究中将可以看到，当被跟踪目标由于视线的遮挡而失去测量更新时，就只能依靠前一时刻准确的速度（加速度）估计来维持其位置的更新。如果目标的速度估计不准确（如图 5.6 的虚线所示），即使目标只发生了短暂消失也会导致跟踪滤波器的发散而使已有的目标变成虚假的目标轨迹，这对机器人的运动和决策都是非常不利的。

从实验结果以及上面的分析来看，本节提出的单目标跟踪滤波算法是成功有效的。

5.1.6　小结

本节主要研究了针对单个目标的跟踪滤波算法，在分析了足球机器人的运动特点及普通 Kalman 滤波器缺乏状态约束的缺点后，提出了基于当前统计模型与状态约束的单目标跟踪算法，实现了对目标的运动建模以及对测量噪声的有效抑制，达到了预期的效果，为 5.2 节的多目标跟踪问题研究提供了良好的基础。

5.2　基于联合概率数据关联的多目标跟踪

自主机器人行为决策的质量在很大程度上依赖于其感知能力与感知的质量。在足球比赛这种充满对抗性的环境中，实现准确的多目标跟踪可以帮助足球机器人正确地评估比赛态势，合理地规划站位与路径，从而达到突防有力、防守全面的效果。反之，如果选择的多目标跟踪算法没有很好的准确性，比如被跟踪目标的位置输出有很大的误差，或者不能及时有效地把虚假障碍物排除掉，甚至产生了许多虚假障碍物，那就会影响机器人的各个方面。所以，实现准确的多目标跟踪的重要性不言而喻。

为了达到这目的，多目标跟踪首先要解决的问题是密集环境下的测量与目标的关联配对问题。这个密集体现在：①运动空间有限，中型组足球机器人的场地标准是 18m×12m，长和宽都只有人类足球比赛的 1/5。在全速的状态下（4m/s），机器人从一方的禁区运动到另一方的只要 3.5s，意味着迎面运动的两个机器人只要 1.75s 就会相撞。②目标数量多，在这样的空间中，双方的机器人多达 10 个。③机器人不是均分布的，在开球、罚球等情况下，几乎除了守门员以外的所有机器人都会聚集在一起。④比赛环境是充满对抗性的，为了争夺足球的控制权，机器人之间相互靠近、碰撞甚至是胶着在一起是常态，这是数据关联算法面临的最大问题。

在面对目标数量多、密度高的同时，还要考虑算法计算量的问题。如果选择的数据关联算法计算复杂度很高,给机器人带来了太大的运算负担,将会影响整个机器人系统的实时性与响应性。

　　针对上述分析,本节提出基于联合概率数据关联的多目标跟踪算法,该算法能够在满足准确性要求的同时具有较好的实时性。5.2.1 节首先研究跟踪门的设置,5.2.2 介绍 JPDA 数据关联算法具体思想,5.2.3 节对算法进行实验验证,5.2.4 节为小结。

5.2.1　椭球跟踪门规则

　　在讨论数据关联算法之前,必须要解决的是跟踪门的设置问题。跟踪门决定了应该将各个测量值分配给已有的目标轨迹还是建立新的目标轨迹。合理的跟踪门设置可以降低关联算法的计算量,而不合理的设置,如太小(小于机器人的宽度)与太大(大于整个场地),都会影响整个跟踪算法的准确性,因此有必要仔细研究其设置形式。

　　图 5.8 给出了跟踪门这一概念的直观解释。通常每一个已被跟踪的目标都会以该目标下一时刻的预测位置 $\hat{x}_{k|k-1}^i$ 为中心设立一块候选区域,也即该目标的跟踪门(如图 5.8 中的三个椭圆形封闭区域 S_i)。如果某个测量值 z_k^i 落入了这些跟踪门内,将意味着它很有可能是来自已有目标的测量结果(如图中的测量值 z_k^1、z_k^2、z_k^3)。而那些没有落入跟踪门内的测量则只能是新的跟踪目标或者是虚假目标(图中的测量值 z_k^4)。由图 5.8 可以看到,不同目标的跟踪门有时候会相互重叠,尤其是当多个目标非常靠近的时候。当测量值落入这种重叠的区域时就需要数据关联算法解决配对问题。

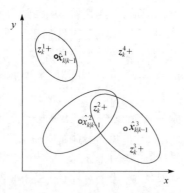

图 5.8　跟踪门示意图

　　因此,跟踪门的大小与形状不但影响了目标的建立、更新,更是直接影响着数据关联算法计算量的大小。

跟踪门的大小可以直接是一个固定的距离,这样可以大幅减少计算量,但是缺点也明显,缺乏灵活性,而这种灵活性在不确定环境下是至关重要的。因此,采用应用最为广泛的椭球跟踪门规则。从本质上讲,该方法只不过是在确定跟踪门限大小的时候采用了具有相对性的马氏距离(Mahalanobis),而非绝对的空间距离(欧氏距离)。具体来说,这一规则要求候选测量值 z_k 与目标预测位置 $\hat{x}_{k|k-1}$ 的马氏距离 g_k 满足

$$g_k \stackrel{\text{def}}{=} v_k^{\mathrm{T}} S_k^{-1} v_k \leqslant \gamma \tag{5.39}$$

其中,γ 为门限的大小;$v_k = z_k - H\hat{x}_{k|k-1}$ 为滤波残差向量(新息);S_k 为残差的协方差矩阵且 $S_k = HP^-_{k|k-1}H^{\mathrm{T}} + R$;$R$ 为观测噪声方差阵;$P^-_{k|k-1}$ 为状态估计协方差矩阵的预测值。

引入马氏距离的好处是可以考虑目标状态估计的不确定性(体现在协方差矩阵 $P^-_{k|k-1}$ 的大小),椭球跟踪门的大小会因此随着跟踪滤波器的收敛(目标状态的逐步确定)而逐渐缩小。既保证了新目标更新的连续性,又提高了确定目标的更新质量。

同时,根据最优估计理论可以证明 g_k 服从自由度为 M 的卡方分布 χ^2(M 为观测变量的维数)。如果某一测量值是来自该目标的,那么它落入跟踪门内的概率 P_G 是确定的,而且这一概率可以由维数 M 和参数 γ 唯一确定。在本书的多目标跟踪算法实现过程中,考虑到被跟踪目标有较强的机动能力,本书采用了 $P_G = 90\%$ 的设置($M=2$,对应有 $\gamma=4.6052$)。

5.2.2　数据关联算法的选择

5.2 节开头部分已经提到数据关联算法在本研究中的重要性,下面先对数据关联算法的整体情况做简单介绍。

1. 常见数据关联算法

常见的数据关联算法有最近邻法(NN)与全局最近邻法(GNN)、概率数据关联算法[19](PDA)与联合概率数据关联算法[20](JPDA)、多假设跟踪法[21](MHT)以及近年来比较热门的神经网络方法[22]和模糊逻辑方法[23]。

在所有算法中最近邻法与全局最近邻法是最简单且直观的关联方法。如果测量值与目标之间是一对一的关系,不存在一个目标产生几个测量结果的情况,那么最自然的解决方法就是将靠得最近的测量与目标配对在一起(如寻找式(5.39)中的最小 g_k),这是最近邻关联算法的基本思想。由于最近邻法是一种贪婪算法,可能会得到局部最优,所以一般都会使用全局最近邻法来避免这个问题。

最近邻与全局最近邻都是确定性关联方法,测量值与目标之间只能是一对一的关系,属于"硬"匹配。这类算法虽然简单有效,但在目标比较密集或虚假测量很

多的情况下很容易发生误匹配,因而只适合在目标较稀疏的环境下使用。为了能够在密集环境下实现多目标跟踪,可以引入关联概率实现目标与多个测量值之间的"软"配对。PDA、JPDA 与 MHT 都是属于基于概率的数据关联算法,而 JPDA 是 PDA 针对多目标的扩展。

在 JPDA 与 MHT 两者之中,一般认为 MHT 是最优的数据关联处理方法。它的配对结果不仅取决于当前测量值,还考虑了过去多个测量周期的测量历史信息。但是这不可避免地带来了庞大的计算负担,存在着随目标数目和测量数目增加而计算量"组合爆炸"的难题,难以保证实时性,因此不适合本节的应用场合。

2. 联合概率数据关联

JPDA 是由 Bar-Shalom 和他的学生在仅适用单目标跟踪的 PDA 的基础上提出来的,如果说 PDA 是基于概率的最近邻关联算法,那么 JPDA 就是基于概率的全局最近邻算法。JPDA 的主要特点是在跟踪门的检验结果基础上搜索了所有可能的配对情况,然后计算出最佳关联概率,充分利用了跟踪门内的所有测量来进行目标的更新。因而可以有效地解决密集测量匹配问题,使其在各种环境下都有较高的目标跟踪成功率。

在这一算法中将目标与测量可能的配对关系用如下确认矩阵表示:

$$
\boldsymbol{E} = \begin{array}{c} \overbrace{\begin{array}{ccccc} 0 & 1 & 2 & \cdots & j \end{array}}^{\text{目标} j} \\ \left[\begin{array}{ccccc} 1 & \varepsilon_{11} & \varepsilon_{12} & \cdots & \varepsilon_{1j} \\ 1 & \varepsilon_{21} & \varepsilon_{22} & \cdots & \varepsilon_{2j} \\ 1 & \vdots & \vdots & & \vdots \\ 1 & \varepsilon_{i1} & \varepsilon_{i2} & \cdots & \varepsilon_{ij} \end{array} \right] \begin{array}{c} 1 \\ 2 \\ \vdots \\ i \end{array} \left. \right\} \text{测量} i
\end{array}
$$

其中,$\varepsilon_{ij} = 1$ 表示第 i 个测量落入目标 j 的跟踪门内,因此有可能存在配对关系,否则为 0;$j = 0$ 意味着误检测或虚假目标,由于任何测量都可能源于误检测或虚假目标,所以对应列全为 1。

在得到确认矩阵 $\boldsymbol{E}$ 以后,对可能的关联情况进行搜索就是将确认矩阵 $\boldsymbol{E}$ 拆分成各种符合规则的可行互联矩阵,具体的规则包括以下两条。

(1) 每个测量仅对应一个目标(或虚假目标)。因此,在矩阵的每一行,选出一个 1 作为互联矩阵在该行的唯一非零元素。

(2) 每个目标最多有一个测量。所有除了第一列以外,每列最多只能有一个非零元素。例如,假设现有 3 个测量与 2 个目标,得到如下确认矩阵:

$$
\boldsymbol{E} = \begin{bmatrix} 1 & 1 & 0 \\ 1 & 1 & 1 \\ 1 & 0 & 1 \end{bmatrix}
$$

根据前面的规则,可以拆分成

$$
\begin{bmatrix} 1 & 0 & 0 \\ 1 & 0 & 0 \\ 1 & 0 & 0 \end{bmatrix},\quad
\begin{bmatrix} 0 & 1 & 0 \\ 1 & 0 & 0 \\ 1 & 0 & 0 \end{bmatrix},\quad
\begin{bmatrix} 0 & 1 & 0 \\ 0 & 0 & 1 \\ 1 & 0 & 0 \end{bmatrix},\quad
\begin{bmatrix} 0 & 1 & 0 \\ 1 & 0 & 0 \\ 0 & 0 & 1 \end{bmatrix}
$$

$$
\begin{bmatrix} 1 & 0 & 0 \\ 0 & 1 & 0 \\ 1 & 0 & 0 \end{bmatrix},\quad
\begin{bmatrix} 1 & 0 & 0 \\ 0 & 1 & 0 \\ 0 & 0 & 1 \end{bmatrix},\quad
\begin{bmatrix} 1 & 0 & 0 \\ 0 & 0 & 1 \\ 1 & 0 & 0 \end{bmatrix},\quad
\begin{bmatrix} 1 & 0 & 0 \\ 1 & 0 & 0 \\ 0 & 0 & 1 \end{bmatrix}
$$

8 个互联矩阵,也就是对应着 8 种可能的关联情况。

假设 $\theta(k)=\{\theta_t(k)\}_{t=1}^{n_k}$ 表示在 k 时刻所有可能的联合事件的集合, n_k 表示集合 $\theta(k)$ 中元素的个数;第 t 个联合事件 $\theta_t(k)=\bigcap_{i=1}^{\xi}\theta_{ij}^t(k)$,它表示 ξ 个测量匹配于各自目标的一种可能; $\theta_{ij}^t(k)$ 表示在第 t 个联合事件中测量 i 源于目标 j ($0<j\leqslant n$) , $j=0$ 表示源于虚假目标或误检测。

假设 $\theta_{ij}(k)$ 表示第 i 个测量与目标 j 匹配的事件,则有

$$
\theta_{ij}(k)=\bigcap_{t=1}^{n_k}\theta_{ij}^t(k),\quad i=1,\cdots,\xi \tag{5.40}
$$

这个事件称为互联事件, θ_{0j} 表示没有任何量测源于目标 j 的事件。

现定义测量互联指示:

$$
\tau_i\phi(\theta_t(k))=\begin{cases} 1, & j_i>0 \\ 0, & j_i=0 \end{cases}
$$

表示测量在联合事件 $\theta_t(k)$ 中与一个真实目标关联。

目标检测指示:

$$
\delta_j(\theta_t(k))=\begin{cases} 1, & 存在 i 使 j_i=j \\ 0, & 不存在 i 使 j_i=j \end{cases}
$$

表示任一测量在 $\theta_t(k)$ 中是否与目标 j 关联,即目标 j 是否被检测到。

这样,第 i 个量测与第 j 个目标互联的概率为[24]

$$
\beta_{ij}(k)=P\{\theta_{ij}(k)\mid Z^k\}=\sum_{t=1}^{n_k}P\{\theta_t(k)\mid Z^k\}\omega_{ij}^t[\theta_t(k)] \tag{5.41}
$$

其中

$$
\omega_{ij}^t(\theta_t(k))=\begin{cases} 1, & 若 \theta_{ij}^t(k)\subset\theta_t(k) \\ 0, & 其他 \end{cases} \tag{5.42}
$$

$$
P\{\theta_t(k)\mid Z^k\}=\frac{1}{c}\frac{\phi[\theta_t(k)]!}{\xi!}\mu_F\{\phi[\theta_t(k)]\}V_{Gk}^{-\phi(\theta_t(k))}\prod_{i=1}^{\xi}\{N_j[Z_i(k)]\}^{\tau_i\phi(\theta_t(k))}
$$
$$
\times\prod_{j=1}^{n}(P_D^j)^{\delta_j(\theta_t(k))}(1-P_D^j)^{1-\delta_j(\theta_t(k))} \tag{5.43}
$$

其中，c 为归一化常数；V_G 为跟踪门的体积；P_D^i 为目标 j 被检测的概率；$\phi(\theta_t(k))$ 为在 $\theta_t(k)$ 中假测量的数目；$\mu_F(\phi(\theta_t(k)))$ 为虚假目标数的先验概率函数，可使用泊松分布的参数模型和均匀分布的非参数模型。

最终，目标 j 的状态估计为

$$\hat{\boldsymbol{X}}^j(k \mid k) = \sum_{i=0}^{\xi} \beta_{ij}(k)\hat{\boldsymbol{X}}_i^j(k \mid k) \tag{5.44}$$

其中，$\hat{\boldsymbol{X}}_i^j(k \mid k)$ 表示在 k 时刻第 i 个量测对目标 j 进行 Kalman 滤波所得的状态估计，当 $i=0$ 时表示在 k 时刻没有量测源于目标的情况，这时用预测值 $\hat{\boldsymbol{X}}^j(k \mid k-1)$ 来代替。

目标 j 的状态估计 $\hat{\boldsymbol{X}}^j(k \mid k)$ 的协方差为

$$\begin{aligned}
\boldsymbol{P}^j(k \mid k) = {} & \boldsymbol{P}^j(k \mid k-1) - (1-\beta_{0j}(k))\boldsymbol{K}^j(k)\boldsymbol{S}^j(k)\boldsymbol{K}^j(k)^{\mathrm{T}} \\
& + \sum_{i=0}^{\xi} \beta_{ij}(k)\{[\hat{\boldsymbol{X}}_i^j(k \mid k)\hat{\boldsymbol{X}}_i^j(k \mid k)^{\mathrm{T}} - \hat{\boldsymbol{X}}^j(k \mid k)\hat{\boldsymbol{X}}^j(k \mid k)^{\mathrm{T}}]\}
\end{aligned}$$

$$\tag{5.45}$$

可以看到 JPDA 将落入目标跟踪门内的所有测量与目标关联，而不是采用确定性关联。它采用所有测量的加权平均来更新目标轨迹，每个测量的权值为该测量与该目标关联的后验概率，因此 JPDA 可以较好地处理杂波环境下密集多目标的跟踪。而且 JPDA 只考虑了当前的测量情况，与 MHT 相比，算法的计算量适中，在实时性与准确性之间取得了较好的平衡。因此，本节将采用基于联合概率数据关联的多目标跟踪算法。

5.2.3　实验结果与分析

为了对设计的多目标跟踪算法进行验证，进行以下实验。

(1) 实验一：普通情况下的多目标跟踪。

实验设置如图 5.9(见文后彩图)所示，令 1～4 号足球机器人同时从不同位置运动到固定点位置(边长 200cm 的正方形 4 个角点)，其中 1 号机器人同时作为观测者，利用全向视觉系统对 2、3、4 号机器人的位置进行测量。整个过程持续了约 10s，共获得了 915 组障碍物测量数据。

图 5.10 显示了基于 JPDA 的目标跟踪结果，表 5.1 为算法的参数设置。可以看到跟踪算法能够有效地区分出 3 个目标的轨迹，不存在错配的现象，这说明在正常情况下，算法能够有效地实现多目标跟踪。而本次实验是通过 MATLAB 软件离线进行的，所用计算机为双核 1.7GHz 的笔记本电脑，处理上述 280 帧的数据总共消耗了 1.35s，意味着每一帧数据的平均处理时间只要 0.0048s。

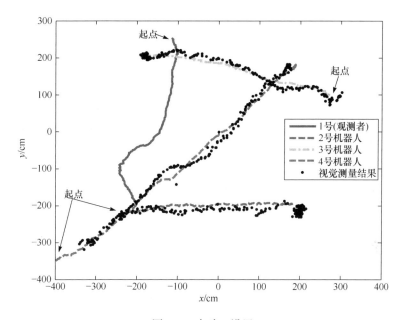

图 5.9　实验一设置

四条轨迹为机器人自身的定位结果,黑色散点为 1 号机器人的观测结果

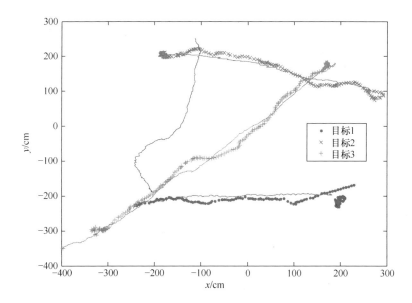

图 5.10　基于 JPDA 的多目标跟踪结果

表 5.1　多目标跟踪算法参数设置

参数名称	参数值	参数名称	参数值	参数名称	参数值
运动模型	CS 模型	跟踪门阈值	2.1460	检测概率	90%
过程噪声方差	200cm^2	采样周期/s	0.033	杂波密度	10^{-7}

（2）实验二：碰撞情况下的多目标跟踪效果。

图 5.10 中的机器人轨迹虽然发生了交叉，但在实际的运动过程中机器人并没有发生碰撞。为了验证算法在目标发生碰撞或互相接近情况下的跟踪效果，进行了第二组实验。实验设置与第 1 组类似，如图 5.11（见文后彩图）所示，其中 4 号机器人与 3 号机器人在运动的过程中发生了碰撞、推挤，在持续了约 1s 以后又相互分开了。

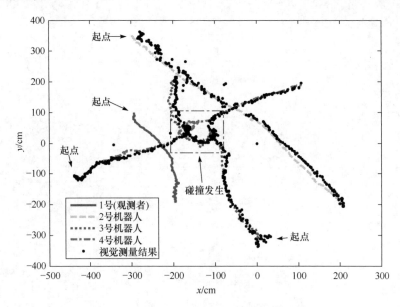

图 5.11　实验二设置

四条轨迹为机器人自定位结果，黑色散点为 1 号机器人的观测结果

图 5.12（见文后彩图）显示了实验二的算法跟踪结果。由图可以看到，在没有发生碰撞的地方多目标跟踪算法的结果与实验一类似，有较好的跟踪效果。当 4 号与 3 号机器人在图中 B 处发生碰撞时，1 号机器人正位于 A 点处。由于两机器人具有一定宽度（50cm），所以两者的轨迹并没有在 B 点相交，但是可以看到 B 点没有关于目标的测量结果。这是由于 3 号机器人从靠近 A 处的方向绕开 4 号机器人的时候，两者在视线上发生了重合，4 号机器人因此被遮挡而消失了。从跟踪结果可以看到 3 号机器人的位置一直有持续的更新，而 4 号机器

人在两者错开以后也恢复了跟踪。图中 C 点的情况与此类似,2 号机器人的跟踪滤波器由于 3 号机器人的遮挡没有得到更新数据,处于发散状态。但是当视线恢复以后,滤波器可以很快地收敛到目标的真实轨迹。

　　因此,从实验结果可以看到本节的多目标跟踪算法具有较好的跟踪效果和鲁棒性,可以在目标相互接近甚至发生碰撞的情况下仍然有较理想的跟踪效果。

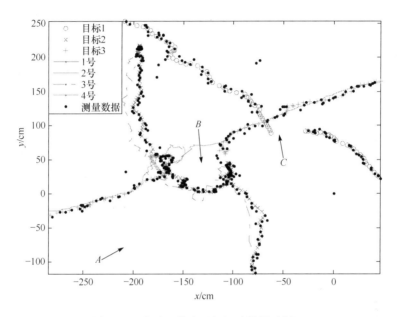

图 5.12　实验二的多目标跟踪结果(局部)

　　(3) 实验三:不同目标数量对算法的影响。

　　为了更全面地考察算法的实时性,进行了 10 组仿真实验。每一组仿真实验的目标数量分别为 1 到 10 个,每个目标近似匀速地随机运动(图 5.13),其中 x 方向速度均值为 50,噪声方差为 20;y 方向速度均值为 0,噪声方差为 60。目标的运动时间均为 10s,采样频率为 30Hz。实验采用蒙特卡罗方法对每一组实验的平均计算时间进行了估计。在进行了 10×50 次仿真实验后,得到了如图 5.14 所示的算法平均计算时间与目标数量的变化关系,其中横虚线表示 30Hz 采样频率对应的采样周期,具体数值如表 5.2 所示(计算平台为双核 1.7GHz 的笔记本电脑)。

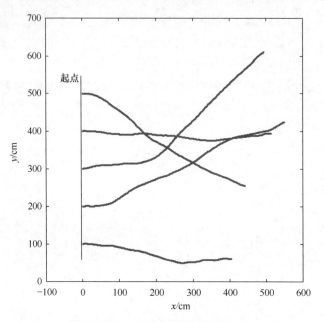

图 5.13　五个目标的随机运动轨迹

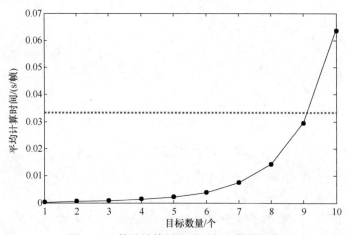

图 5.14　算法计算时间随目标个数的变化

表 5.2　多目标跟踪算法平均每帧计算时间

目标个数	每帧平均计算时间/ms	目标个数	每帧平均计算时间/ms
1	0.37	6	3.95
2	0.61	7	7.51
3	0.94	8	14.39
4	1.44	9	29.61
5	2.31	10	63.60

可以看到,算法的计算量随着目标数量的增加而显著增加,而且几乎是以指数的形式在增长。之所以会发生这种情况,是由于 JPDA 法为了达到全局最优的配对效果需要对所有可能的配合情况进行搜索,所以不可避免地存在"组合爆炸"的问题。

但是可以发现,在目标数量不大于 9 个的情况下,算法仍然是满足实时性要求的(也即低于图中虚线的部分)。从本节的实际应用情况来看,机器人一般能同时看到的目标会在 4~6 个。即使是在最坏的情况下,场上最多也只能同时出现 10 个机器人,排除了自身以后就只有 9 个目标。而且由于存在视线遮挡、检测距离有限等原因,几乎不可能同时看到 8 个甚至是所有 9 个目标(比如只能看到双方守门员机器人中的其中一个),所以在实际情况中跟踪算法留给其他运算进程的计算性能余量是相当充足的。

因此,综合上述实验结果,可认为算法在具有较好准确性的同时也满足了实时性的要求。

5.2.4　小结

本节在单个目标跟踪滤波器的基础上进行了多目标跟踪算法的研究,在详细分析了比赛环境下实现多目标跟踪的难点与要求后,提出了基于联合概率数据关联的多目标跟踪算法。实验结果表明算法的跟踪性能良好,而且具有较好的实时性,能够满足机器人在复杂、动态的环境下对多个运动目标进行实时跟踪的需要。

5.3　基于 RANSAC 和 Kalman 滤波的目标状态估计

第 4 章的任意足球识别中较难解决的问题主要有两个。第一个是当前的识别算法需要全局检测足球,实时性无法满足要求,而且当背景图像中出现较多的干扰时也可能增加识别系统的误检率。第二个问题是当足球被障碍物遮挡时识别算法无法识别到足球。针对第一个问题,当连续若干帧全局检测到足球后,利用球速估计算法来跟踪足球的运动,在其周围一个较小的区域搜索足球,这样不仅可以降低算法的计算量,还减少了背景图像的干扰,能有效提高识别算法的性能。而通过球速估计算法可以预计被遮挡的足球的位置,当足球再次出现时识别算法可以快速识别并跟踪。另外,足球机器人若能够较好地估计足球的运动速度,对于以其自身的运动决策最终赢得比赛也具有较大意义。

本节介绍一种基于随机采样一致算法(random sample consensus,RANSAC)和 Kalman 滤波的球速估计算法,可以准确地估计出足球的运动速度,并且在足球的位置信息具有较大感知噪声的情况下,也可以很好地估计足球速度。

5.3.1 球速估计问题研究现状

目前估计足球速度的方法主要是利用 Kalman 滤波的速度信息或者先对位置进行 Kalman 滤波再利用最小二乘法[25]求出球速。Silva 等[26]测量若干组足球距离机器人不同距离时的定位误差,并根据这一误差的递增规律估计 Kalman 滤波测量方程的方差矩阵,再对足球位置作 Kalman 滤波,以 Kalman 滤波估计的足球的状态向量中的速度作为估计的速度值。Taleghani 等[27]则将 Kalman 滤波和神经网络结合,提出利用采集到的足球位置信息训练一个三层的前向反馈神经网络,并在 Kalman 滤波的估计和预测阶段加入这个神经网络以降低估计的误差。但上述算法应用到任意足球识别时效果较差,主要原因是相比较颜色编码化足球识别结果而言,任意足球识别算法检测到的足球位置信息波动更大,且识别算法可能出现丢帧,即识别不到足球的情况。文献[25]指出了应用 Kalman 滤波的一些弊端,例如,球的运动不满足 Markov 随机独立噪声条件,无法处理足球发生碰撞的情况以及很难估计 Kalman 滤波中协方差矩阵的参数,因此提出采用最小二乘法来估计足球速度的算法,将一小段时间(十几个图像处理周期即几百毫秒)内在场地地面上滚动的足球假设为满足匀速直线运动,在获得这段时间内足球的所有位置观测点后,即可将球速的估计问题建模为一个线性回归问题,使用最小二乘法计算出足球的运动速度。当足球的观测点较少时,该方法还使用岭回归分析代替线性回归以减小噪声的干扰,获得更加鲁棒的球速估计结果。针对足球发生碰撞的情况进行比较详细的讨论,提出一个比较合理的判断碰撞的方法,提高当足球运动状态变化时球速估计的准确性。为解决针对任意足球识别的球速估计问题,基于 NuBot 中型组足球机器人平台提出了一种新的估计足球运动速度的算法[28,29],该算法基于 Kalman 滤波和 RANSAC,可以较准确地估计出足球的运动速度,并且能够克服足球的视觉检测结果具有较大噪声和突变的情况。

5.3.2 RANSAC 介绍

RANSAC[30]是一种从样本中准确拟合数学模型的算法,包括去除噪声点(外点)和留下有效值。该算法假设符合数学模型的数据点是内点,不符合的是外点。在给定一系列内点时,一定存在一个数学模型可以最好地解释或者符合这些内点。典型的例子是将一组包含内点和外点的观测值拟合成一条直线,如图 5.15 所示,其中实线为 RANSAC 拟合的结果,虚线为最小二乘法(least square method, LSM)拟合的结果。

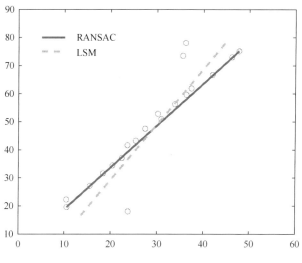

图 5.15　RANSAC 和 LSM 所拟合的直线示意图

RANSAC 的基本思路是首先设定算法循环次数 N 并选取任意两个点 P_m、P_n 作一条直线 L_k 并为其置一个计数器 C_k，之后求出点 $P_j(j\neq m,n)$ 到直线 L_k 的距离，若这个距离小于某一阈值，则 C_k 加 1。重复 N 次上述过程，取计数器 $C_i(i=1,\cdots,N)$ 最大的直线 L_{max} 作为这些离散点拟合成的直线。由于传统的 LSM 是最优地拟合所有观测值，所以在数据存在较多外点的情况下对于内点的拟合并不好。而 RANSAC 能够以较大的概率选择只具有内点的数据集进行拟合并生成一个只拟合内点的模型，可以达到较好的效果。

5.3.3　基于 RANSAC 和 Kalman 滤波的球速估计算法

尽管目前基于视觉感知的足球定位具有一定的水平，但直接作为估计球速的数据源还具有以下几个问题。

（1）足球位置信息噪声较大，尤其是当足球距机器人较远或者机器人处于运动状态时。

（2）足球位置信息不够准确，有时与实际位置偏差较大。

（3）比赛中足球可能被其他机器人遮挡，无法从自身感知系统得到足球的位置信息。即使通过与队友通信来获得足球位置信息也存在通信延迟等问题导致的偏差。

因此在计算足球速度之前，应该首先对足球位置信息进行滤波。采用 Kalman 滤波来优化足球的位置信息。Kalman 滤波是对具有较大噪声的数据进行滤波的一种比较好的方法。可以假设在一帧图像的处理周期（大约 30ms 时间）内足球是匀速直线运动，由此得到 Kalman 滤波的运动模型见式（5.46），其中 Δt 为两帧之间的时间间隔，P_k 为足球位置，V_k 为足球速度：

$$\boldsymbol{X}_{k+1}=\begin{bmatrix}1 & \Delta t\\0 & 1\end{bmatrix}\boldsymbol{X}_k, \quad \boldsymbol{X}_k=\begin{bmatrix}P_k\\V_k\end{bmatrix} \tag{5.46}$$

　　根据视觉系统的感知特性，足球距离机器人越远则机器人对其的定位误差越大。为得到该定位误差的方差矩阵，使用一种较为合理的方法，即测量足球到机器人不同距离时的多组足球定位，计算相应距离的定位误差方差，并以这些数据来拟合一条曲线，求得足球到机器人之间距离与足球定位误差方差的对应关系，如图 5.16 所示。图中曲线为拟合出的曲线，圆点为测量到的足球和机器人之间不同距离时足球位置的定位误差方差值。由于足球的运动并不是真正严格的匀速直线运动，假设的运动模型具有一定的误差，但由于很难确定误差的真实值，所以不妨将其设为一个可以调节的参数，使得滤波后的足球位置较为平滑和准确。

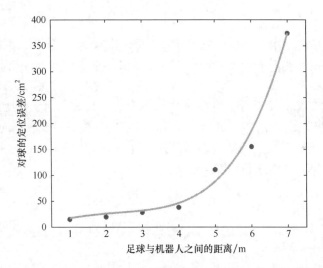

图5.16　机器人对足球的定位误差随两者之间距离的变化示意图

　　滤波后的足球位置信息基本反映足球的运动，但当足球运动状态发生较大变化时，如足球发生碰撞或被障碍物遮挡，其运动与假设的匀速直线运动相差较大，导致 Kalman 滤波后误差也较大，因此在估计球速过程中需要判断是否需要重启滤波。根据多次实验，设定当连续 5 帧足球观测值与 Kalman 滤波的结果相差大于设定的阈值时，则认为足球的运动发生改变，将重启 Kalman 滤波，并对重启前的 5 帧数据做第二次 Kalman 滤波，为球速估计提供一定的历史信息。

　　由于 RANSAC 比 LSM 具有更强的鲁棒性，所以采用该算法估计足球运动速度。假设足球在较短时间内是匀速直线运动，所以当前帧足球的速度可以由其前若干帧的位置和时间戳采用 RANSAC 估算出来。在一段时间内足球的位置为 X_i，相对应的时间戳为 $t_i(i=1,\cdots,n)$。首先用式(5.47)计算 V_m：

$$V_m = \frac{X_i - X_j}{t_i - t_j}, \quad i \neq j, \quad i,j = 1,\cdots,n \tag{5.47}$$

得到 $\frac{n(n-1)}{2}$ 个速度值。这些速度值可以看作需要拟合的点集 $P_i\left(i=1,\cdots,\frac{n(n-1)}{2}\right)$，需要做的工作是选取点集 P_i 的子集的线性组合来描述这些点的中心。设定算法循环次数 L，并从 P_i 中随机选取若干个点并取其平均值建立模型 $M_k(k=1,\cdots,L)$ 并设置计数器 C_k，比较其余的点与模型 M_k 的距离，若小于阈值 T，则 C_k 加 1，反之则不变。之后 C_k 作为模型 M_k 的拟合度的度量。重复 L 次上述建立模型的过程，C_k 最大的模型的拟合度最好并将其作为最终的速度值。

　　整个球速估计算法的流程如图 5.17 所示。

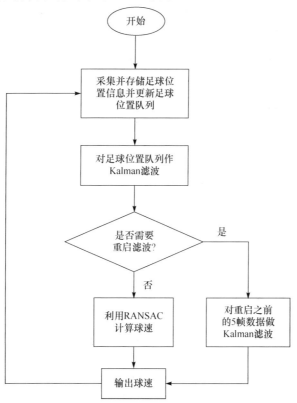

图5.17　基于 RANSAC 和 Kalman 滤波的球速估计算法流程图

5.3.4　实验结果与分析

　　由于足球在运动过程中的速度真实值难以测量得到,首先利用仿真程序生成模拟的足球位置信息来比较算法之间的优劣。为了更加接近实际采集到的足球位置信息,仿真时需要加入与机器人实际感知时相当的足球位置误差信息。如图 5.18(a)显示的是足球静止时采集到的足球距机器人某一距离时的位置分布直方图,可见足球位置的感知定位误差大致满足高斯分布。同时 5.3.3 节提到这种误差也和足球与机器人的距离成正相关,因此通过在模拟的足球运动轨迹中加入这种误差信息就可以得到比较合理的近似值,如图 5.18(b)所示。

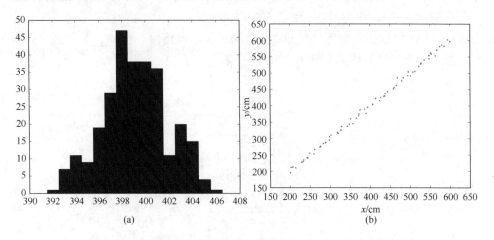

图 5.18　真实的足球位置分布直方图与仿真的足球位置示意图

　　目前的球速估计算法,无论 LSM 还是本节使用的 RANSAC,都需要用到足球位置历史信息。当足球的速度发生较大改变时,需要重启滤波算法,而重启之后要删除大部分历史数据,若干帧内可利用的历史数据较少,会导致算法的稳定性和准确性较差。因此设计的仿真实验既要比较 LSM 和 RANSAC 算法在历史数据较多时的性能,还要比较当重启滤波后历史数据较少时算法的性能,并且与只使用 Kalman 滤波的结果进行对比。图 5.19 表示的是足球分别作单向运动、单次折返运动和多次折返运动时的足球位置示意图和三种算法计算得到的球速示意图,速度示意图中每间隔若干点显示速度值,且得出的速度值显示时有一定比例的缩放。表 5.3 表示的是在足球分别作单向运动、单次折返运动和多次折返运动时的三种算法计算得出的速度和仿真的足球数据的真实速度之间的误差结果,包括算法得出的速度较准确值的误差的期望 $\bar{E}$,误差与真实速度的比例 $\bar{P}$ 和误差标准差的平均值 $\bar{D}_E$。统计值是每种情况分别作 10 次重复实验的结果,每次实验计算 100 帧足球的速度。

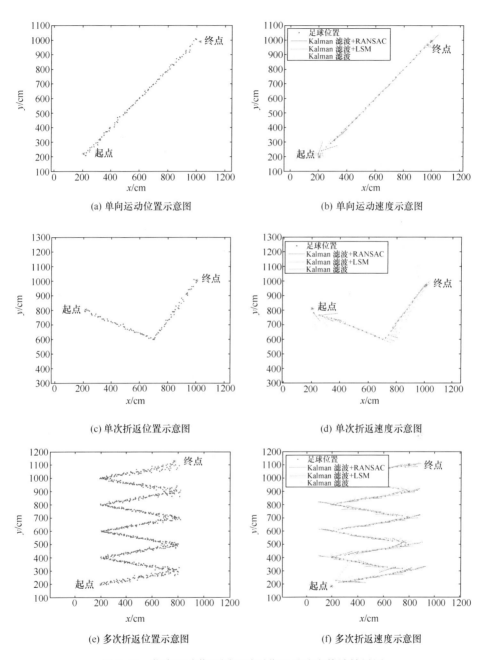

(a) 单向运动位置示意图

(b) 单向运动速度示意图

(c) 单次折返位置示意图

(d) 单次折返速度示意图

(e) 多次折返位置示意图

(f) 多次折返速度示意图

图 5.19　仿真足球作不同运动时位置及速度估计结果图

表5.3　仿真足球做不同运动时各算法性能比较结果　（单位：cm/s）

算法	单向			单次折返			多次折返		
	$\bar{E}$	$\bar{P}/\%$	$\bar{D}_E$	$\bar{E}$	$\bar{P}/\%$	$\bar{D}_E$	$\bar{E}$	$\bar{P}/\%$	$\bar{D}_E$
Kalman 滤波＋LSM	10.84	4.01	13.39	32.78	9.47	73.63	27.22	11.68	57.93
Kalman 滤波＋RANSAC	10.97	4.05	14.65	20.2	5.83	79.31	22.64	9.71	61.59
Kalman 滤波	4.78	1.80	4.98	91.86	26.55	134.3	59.5	25.70	84.24

从表5.3可以看出,在足球单向运动时,各算法误差的均值和标准差都较小。这是因为算法不需要重启,其可用的历史数据一直较多,所以算法的稳定性和准确性都较好。由于增加的噪声是满足高斯分布的,所以这种情况下 Kalman 滤波算法是较好的算法。在足球双向和多次折返运动时,表中的几种算法的误差均值和标准差明显增大,因为当足球改变运动方向时需重启滤波,造成可用的历史数据减少,影响算法的稳定性和准确性。在这种情况下仅使用 Kalman 滤波的球速估计结果明显较 LSM 和 RANSAC 两种算法差。而在实际情况中,足球经常改变运动方向,因此仅利用 Kalman 滤波并不能很好地估计足球速度。从仿真结果可以看出,使用 LSM 和 RANSAC 两种算法的估计结果在三种情况中误差均较小,并且在足球折返的仿真实验中,RANSAC 的估计误差较 LSM 减小15%～40%。

本节也使用 NuBot 机器人在实际场地中采集足球数据信息进行球速估计实验,以比较 LSM 和本节提出的算法。图 5.20 分别表示当机器人和球都静止、机器人运动球静止、机器人静止球运动以及机器人和球都运动四种情况下算法估计球速的结果,速度示意图中每间隔若干点显示速度,且速度显示时具有一定比例的缩放。

实际应用中,在最开始的几帧中,由于 RANSAC 可用的历史数据较少,所以出现了估计偏差较大的情况,但是这种现象只在开始一段较短的时间(150ms 左右)出现,并且不会再次出现,不会对实际比赛中足球机器人使用该球速信息造成影响。对于图 5.20 中的四种情况,两种算法都可以较好地估计足球的速度,但 RANSAC 在开始若干帧后的估计结果更加准确。

5.3.5　小结

本节针对中型组足球机器人在二维平面上估计足球运动速度的问题,提出了一种 RANSAC 与 Kalman 滤波相结合的方法。该方法可以较好地估计足球的速度并且能够及时检测到足球运动状态的变化。通过与 Kalman 滤波以及 LSM 的实验比较发现,本节提出的算法在足球位置信息具有较大的误差以及速度方向改变较频繁时,仍然可以较好地估计足球的速度,对数据噪声的鲁棒性更强。本节提出的算法经过一定的调整也可以应用到其他目标速度估计的问题中。

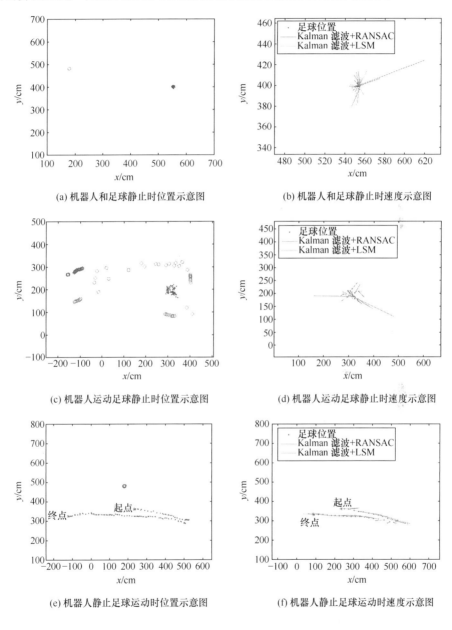

(a) 机器人和足球静止时位置示意图　　　　　(b) 机器人和足球静止时速度示意图

(c) 机器人运动足球静止时位置示意图　　　　(d) 机器人运动足球静止时速度示意图

(e) 机器人静止足球运动时位置示意图　　　　(f) 机器人静止足球运动时速度示意图

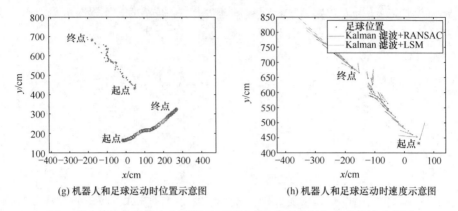

(g) 机器人和足球运动时位置示意图　　　　　(h) 机器人和足球运动时速度示意图

图 5.20　　足球和机器人分别处于不同运动状态下位置和速度估计示意图

5.4　基于双目视觉的三维空间目标状态估计

在 RoboCup 中型组比赛中,如何实现足球信息的精确感知一直是个研究热点问题。对于运动于二维平面的目标足球,其信息的感知相对容易,其技术也相对成熟,当前绝大部分参赛队都采用全向视觉系统来实现对目标足球的识别、定位、跟踪和运动速度估计等[31-33]。部分参赛队伍开始使用全向视觉系统来实现对具有不同颜色或者纹理的一般足球的识别[34],以降低机器人足球比赛环境的颜色编码化程度。

但是近年来的比赛中,足球经常性地被机器人挑射至空中飞行,如何在三维空间中实现对目标足球的识别定位和运动估计,对提高足球机器人的防守能力具有非常重要的意义。与单目透视成像摄像机无法实现目标的三维定位的情况相类似,全向视觉系统通过全向反射镜面将三维的场地空间信息映射到二维平面,这一映射将高度信息与远近距离信息耦合在一起,因此机器人仅使用全向视觉系统无法实现目标三维定位。此外,由于全向视觉系统在高度上的视野往往较小,当足球飞离地面时,其在全向视觉中经常无法成像。上述问题对守门员机器人来说尤为严重,因为目前比赛过程中绝大部分的进球都是通过挑射实现的。

针对这一问题,文献[35]~[37]提出了为足球机器人添加一个前向感知用的透视成像摄像机,通过与全向视觉系统相配合构建立体视觉系统来实现足球的三维定位,这一做法具有一定可行性。但是由于其使用了全向视觉作为信息融合的视觉信息源,而全向视觉是以牺牲测量精度来换取较大成像范围的,这就使得已经组建的立体视觉系统的定位精度不高,因此实用意义不大。埃因霍温理工大学通过在机器人上加装激光雷达并通过信息融合实现了对足球的三维定位[38],但是由于其选用的二维平面激光雷达需要进行姿态伺服控制,这一方案很难跟踪上高速运动的足球。而如果选用三维激光雷达，则会带来成本偏高、计算量大大增加导致处理帧速率降低等问题。

针对以上提出的问题，本节提出一种三维空间中基于双目立体视觉的目标足球的运动估计与拦截方法[39,40]。5.4.1 节简单介绍双目视觉系统的硬件及其软件结构框架；5.4.2 节将详细介绍基于颜色分类与区域颜色生长的足球识别方法，以及一种可以排除场外干扰的足球三维定位方法；5.4.3 节介绍本节提出的基于最小二乘的足球运动轨迹拟合方法；5.4.4 节提出依据足球运动轨迹拟合结果进行落点位置预测的方法，5.4.5 节基于有限状态机(FSM)完成机器人的防守运动决策；5.4.6 节给出详细的实验结果与分析；5.4.7 节为小结。

5.4.1　双目视觉系统

本书作者所在课题组研制的 NuBot 足球机器人系统上安装有一套全向视觉系统和一套双目视觉系统，如图 5.21 所示。双目视觉系统选用的是 Point Grey Research 公司的 Bumblebee2。该款双目摄像机为 CCD 彩色摄像机，固定焦距。摄像机工作在 640×480 分辨率下时，输出图像的帧速度最高可达到 48 帧/s。视觉系统的两个摄像头的内外参数已经事先标定好，不需要用户自己标定。

图 5.21　装有全向视觉和双目视觉系统的足球机器人

本节设计的软件框架如图 5.22 所示。软件使用多线程机制，可以提高软件并行化处理能力和计算机硬件资源的利用率，同时能够提高图像处理帧速度。图中显示了图像信息和目标坐标信息在线程内和线程之间的传递流通过程。线程 1 进行图像采集，线程 2 分别对摄像头采集到的左右两幅图像进行目标识别，再进行足球三维坐标的重构。线程 3 利用足球的三维坐标信息，进行足球运动轨迹的拟合和落点位置预测,即实现运动估计,再根据预测结果作出运动决策。

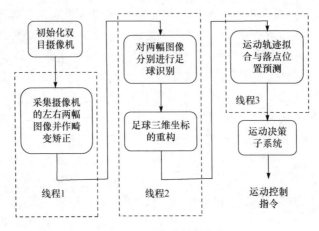

图 5.22　系统的软件框架

5.4.2　足球识别与定位

　　由于本节选用的双目立体视觉系统本身能够自动控制两个摄像头同步曝光,而且提供了封装好的函数可以自动进行图像的畸变矫正,所以在双目摄像机采集左右两幅图像之后,可以方便地进行图像的畸变矫正预处理。

　　对于经过预处理得到的这两幅图像,系统分别对其进行图像处理识别足球,再根据识别到的这两个图像坐标,重构出足球的三维坐标。为了提高算法效率,进行足球识别时,首先在左图像中进行识别,如果在左图像中未识别到足球,则不再处理右图像;如果在左图像中识别出了足球,根据已知的双目摄像机的基线和需要识别的远近距离(即场地长度),可以估算出左右视差范围,那么在右图像中识别足球时,无须处理整幅图像,而只在相应的视差范围内进行识别即可。

　　双目摄像头采集到左右两幅图像后,对于足球的识别,本节使用基于颜色查找表(color look-up table,CLUT)的颜色分类方法[41],分割出足球区域。颜色查找表是快速分类和提取颜色目标的一种常用方法,该方法首先通过离线标定建立一个以颜色空间坐标为索引的表作为颜色表,则表中每一个索引位置即对应一种颜色,该索引位置所存储的内容为该种颜色的分类结果。对于待处理图像而言,其每个像素点处的颜色分量作为索引来查找颜色表的内容,索引结果即为该像素的颜色分类结果。本节所使用的分类结果为 0 或 1,代表是否是足球目标颜色(黄色)。本节使用对光线变化适应能力更强的 YUV 颜色空间进行特征颜色的提取,由于摄像头读取到的是 RGB 颜色空间的图像,所以需要事先将颜色查找表转换到 RGB 颜色空间再使用,这样可以在使用颜色查找表进行分类时,直接使用原始图像的 RGB 颜色分量,而不需要在线实时进行颜色转换,提高计算效率。

对于成功提取出来的足球颜色特征,只需计算其所在区域的形心位置,就可以作为足球的图像坐标。考虑到可能颜色分类不完整等,会造成颜色提取结果有所缺损,所以在颜色提取之后,使用颜色区域生长方法[42]来弥补特征区域的缺损。

颜色区域生长方法是从已提取的特征颜色出发,判断其相邻像素点的颜色是否是特征色,即相邻像素点的颜色是否与被分类的像素点的颜色足够相近,如果足够相近,则将该像素生长为特征点,并继续生长;如果颜色相差较远,则认为不是特征点,不进行处理。对于颜色相近程度的判断,本节在 YUV 空间进行计算。设已分类为特征色的像素点颜色在 YUV 空间中表示为(y_p, u_p, v_p),其相邻像素的颜色表示为(y_i, u_i, v_i),二者颜色相近程度则可以用 YUV 颜色空间内的欧氏距离表示为

$$dis = \sqrt{(y_p - y_i)^2 + (u_p - u_i)^2 + (v_p - v_i)^2} \qquad (5.48)$$

对经过区域生长之后的特征颜色区域,根据设定的区域大小阈值,筛选出足够大的所有区域作为候选区域,计算所有候选区域的形心位置,作为候选的球心像素坐标。

对于左右两幅图像的所有候选球心像素坐标,以特征颜色区域的大小作为先后顺序,逐一进行左右配对,分别进行三维坐标重构,并根据机器人在场地中的自定位结果[43,44]和摄像机坐标系与机器人体坐标系之间的坐标转换关系,将得到的足球三维坐标从摄像机坐标系变换到场地全局坐标系中。

最后还要判断所得到的足球坐标是否在比赛场地之内,以排除场外干扰。如果坐标不在比赛场地内,则计算下一组左右候选球心像素坐标配对情况,直到所得到的足球三维坐标在比赛场地内为止,作为最终识别定位得到的足球三维坐标。

5.4.3　足球运动轨迹的拟合

由于守门员机器人在防守球门时需要对足球的落点位置进行预判,以便其有充足的时间作出反应,所以本节设计的系统需要对足球进行三维空间中的运动估计,即实现运动轨迹拟合和落点位置预测。

对于已经定位得到的足球三维坐标,首先判断其是否高于地面,作为足球是否已经被挑射的依据。如果足球只是在地面滚动,则按照 5.3 节介绍的方法利用守门员机器人的全向视觉系统进行足球运动速度的估计[28,29],并进行拦截防守,本节的双目视觉系统不作处理;如果是挑射,本系统则要对足球运动轨迹进行抛物线拟合。

对于足球是否离开地面的判断,如果连续 3 帧获得的足球坐标高度大于10cm,则认为足球已经飞离地面。如果连续 2 帧获得的足球坐标高度不大于此高

度阈值,则认为足球在地面上。而如果在一段时间内,双目视觉都无法正确识别和定位到足球,则认为足球丢失。

当足球已经飞离地面时,记录下足球的坐标,包括之前用于判断足球是否离开地面的坐标数据,用于拟合足球的运动轨迹。

本节将足球的运动轨迹近似为抛物线,并采用最小二乘法进行抛物线轨迹的拟合。将三维抛物线分解到 x、y、z 三个方向上分别进行拟合,即

$$\begin{cases} x = a_0 t + a_1 \\ y = a_2 t + a_3 \\ z = -g/2t^2 + a_4 t + a_5 \end{cases} \qquad (5.49)$$

其中,(x,y,z) 为识别到的足球在场地全局坐标系下的三维坐标;t 为该足球信息获取时刻的时间戳;x、y、z、t 为输入参数;$a_0 \sim a_5$ 为待拟合参数。由于重力加速度 g 已知,第三个方程可以变换成 $z + g/2t^2 = a_4 t + a_5$ 形式,所以本质上也是线性拟合。

对于形如 $y = a + bx$ 形式的线性方程,有 n 个待拟合数据 (x_i, y_i),则使用最小二乘法可以计算待拟合参数 a 和 b:

$$a = \frac{\sum x_i^2 \sum y_i - \sum x_i \sum x_i y_i}{n \sum x_i^2 - \left(\sum x_i \right)^2}$$

$$b = \frac{\sum x_i y_i - \dfrac{1}{n} \sum x_i \sum y_i}{\sum x_i^2 - \dfrac{1}{n} \left(\sum x_i \right)^2} \qquad (5.50)$$

本节中的轨迹拟合参数 $a_0 \sim a_5$ 可以分别在 x、y、z 三个方向上通过上述拟合完成。

5.4.4　足球运动落点位置的预测

拟合得到足球的运动轨迹方程之后,就可以用来预测足球的落点位置,即足球落到地面的位置或者足球穿过球门所在平面的位置,为机器人防守提供依据。机器人需要防守的条件是:如果足球落点在球门内,则机器人需要防守;如果足球落点在地面上,但是其水平速度指向球门,则机器人也需要防守。其中足球的水平速度可以使用抛物线拟合参数中的 a_0 和 a_2 来表示,它们分别代表了足球在水平面内的 x 方向和 y 方向的速度分量。

为了提高机器人防守的反应速度,系统应该越早给出预测结果越好,即要求系统使用较少的数据点进行拟合和预测。然而为了提高机器人的防守精度,系统应该给出更加精确的预测结果,即要求系统使用较多的点进行拟合和预测。

针对以上矛盾,本节采用多次迭代拟合的方法,即首先利用较少的数据点拟合

并预测得到一个粗略结果,用于快速启动机器人作出响应;在机器人运动中继续识别足球并多次作出拟合和预测,以提高足球落点位置的预测精度。

系统首先使用记录下的前 5 个足球坐标点,进行第一次拟合,并预测足球的落点位置。如果满足防守条件,那么守门员立刻作出运动决策来防守该球。第一次拟合和预测之后,无论是否需要防守,系统都要继续识别和定位足球,每次得到一个新的足球坐标数据之后,系统都要将新的数据同之前的数据共同进行一次新的拟合,同时更新足球落点位置的预测结果,以提高足球运动估计的精度,并作出新的防守运动决策。

5.4.5　机器人运动决策

本节使用有限状态机[45]来设计实现机器人的运动决策子系统。机器人的运动状态包括站防、盯球、扑球、归位四个状态。各状态之间的转换关系如图 5.23 所示。

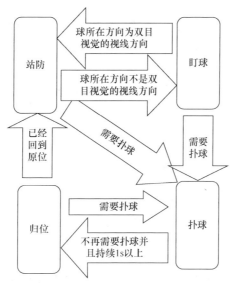

图 5.23　基于有限状态机的守门员运动状态转换

守门员的四个运动状态当中,扑球的优先级最高,任何时候如果系统认为需要扑球防守,其他状态都能够立刻进入扑球状态。对于是否需要执行扑球动作的判断,使用 5.4.4 节所述的需要防守的条件作为依据。退出扑球状态的条件也最严格,必须在不再需要扑球的条件下加入 1s 的延时,以保证不漏球。

站防状态和盯球状态是优先级最低的两个状态,用于控制守门员在不需要防守的时候,站在球门正中间并且朝向足球。归位状态是一个中间状态,用于控制机器人回到球门中间。

5.4.6　实验结果与分析

1. 足球识别结果

足球机器人使用本节设计的系统进行图像处理和目标识别的各阶段结果如图 5.24(a)～(c)所示。增加场外干扰之后,足球识别结果如图 5.25 所示。当场地外存在干扰时,左右两幅图像中的场外干扰区域会被识别成候选足球区域,如图 5.25 所示。但是系统在进行 5.4.2 节所述的足球三维定位时,会根据三维重构的结果排除掉场地外的配对候选区域,得到位于场地内正确的足球识别结果。

(a) 摄像机采集并矫正图像

(b) 特征颜色分割结果

(c) 区域颜色生长结果

图 5.24　图像处理和目标识别的各阶段结果

图 5.25   有场外干扰时的足球识别结果

2. 足球定位结果

为了分析本节视觉系统对足球定位的精度,将足球分别放置在距离机器人 5～7m 远的不同位置,并改变足球的左右位置和高度,记录下系统对足球的定位误差,定位误差分布情况如表 5.4 所示,部分数据缺失是因为足球位置处于双目立体视觉系统的视野之外。其中 x、y、z 是足球在摄像机坐标系下的坐标。x 方向是双目视觉摄像机的深度方向,y 方向是左右方向,z 方向是高度方向。从表中可以看出,在高度方向上的定位精度总体较高,在深度方向上定位精度最差。x、y、z 三个方向的定位误差随 x 方向的分布情况如图 5.26 所示。

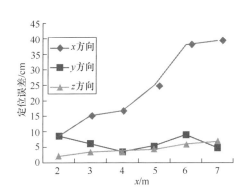

图 5.26 x、y、z 方向上足球三维定位的误差随 x 方向分布情况

表 5.4　足球三维定位的误差分布

(单位:cm)

实际x	实际z	实际y=-200			-150			-100			-50			0			50			100			150			200		
		x	y	z	x	y	z	x	y	z	x	y	z	x	y	z	x	y	z	x	y	z	x	y	z	x	y	z
200	0							18	9	-1.6	10	10	-2.2	3	8	2.3	-3	10	-1.4									
	50							18	11	-1.8	10	8	-2.7	3	9	-2.3	-3	8	-1.4									
	100							18	6	-2.1	10	8	-3.4	3	8	-3.1	3	8	-2.3									
300	0	47	-5	-3.7	27	0	-3.5	27	2	-4.8	10	8	-3.3	10	8	-3.9	-4	-3	-1.3	-19	4	-3						
	50	28	5	-3.3	28	3	-3.3	10	7	-3.2	-5	9	-3.1	-5	8	-3.1	-5	9	-3.1	-5	15	-2.5						
	100	28	4	-2.4	27	-6	-2.4	-6	7	-5.5	10	6	-5.5	-5	6	-4.4	-5	6	-3.2	-5	9	-1.4						
400	0	54	-10	-5.1	-7	12	-2.1	21	0	-3.8	21	0	-4.7	-7	-1	-5.5	-7	2	-1.9	-7	4	-1.9	-7	9	-2.7			
	50	54	-11	-4.8	21	1	-3.7	21	-1	-4.6	-7	0	-3.6	-7	0	-3.6	-7	2	-3.6	-7	4	-2.8	-7	8	-2.8			
	100	21	2	-5.3	21	-1	-5.3	21	-1	-3.6	21	0	-3.6	-7	-3	-11	-7	-1	-4.4	-7	4	-2.9	-32	0	-3.7			
500	0	36	-6	-4	36	-7	-5.1	-9	2	-0.6	36	-5	-7.3	36	-1	-7.3	-9	1	-2.6	-9	1	1.3	-9	-5	-3.6	-9	-5	0.4
	50	36	-28	-5.4	36	-5	-6.5	36	-8	-5.4	36	-1	-5.1	36	4	-5.1	36	4	-5.4	-9	1	-4.1	-47	7	-2.1	-46	1	-2.4
	100	-9	9	-9.5	36	-9	-5.6	36	-9	-4.6	36	-6	-3.5	36	-1	-2.4	-9	-1	-5.5	-9	0	-4.5	-9	-7	-2.5	-9	9	-2.5
600	0	-10	10	0.3	137	-30	-16	55	2	-7.7	-10	1	-0.9	55	-1	-9	-10	3	-3.3	-10	-6	-3.3	-10	4	-4.5	-64	9	-4.5
	50	55	-15	-4.6	137	-35	-8.2	55	-11	-7.5	55	-8	-8.8	-10	-2	-5.7	55	3	-5.7	-64	-9	-3.3	-65	-23	1.9	-11	7	-4.7
	100	55	-13	-6	55	-11	-8.7	55	-22	1.2	-11	-5	-8.2	-10	-2	-8.2	55	3	-8.2	-10	-1	-9	-10	5	-7.8	-64	-11	-6.7
700	0	37	-6	-5.8	37	-13	-8.8	37	-5	-7.3	37	-3	-7.3	37	-1	-0.2	37	3	-8.8	37	8	-10	37	14	-10	-45	-2	-2.4
	50	37	-8	-8.2	37	-8	-9.7	37	-7	-9.7	37	-5	-8.2	37	-1	-4.9	37	2	-6.2	-45	7	-6.2	-45	-3	-4.5	-45	-2	-3.5
	100	-45	1	-4.7	37	-7	-7.7	37	-7	-7.6	37	-5	-6.2	37	-2	-6.2	37	3	-4.7	-45	-6	-11	-45	-4	-8.3	-45	-1	-4.7

定位误差的主要来源是单幅图像中对足球球心位置的识别误差。如图 5.27
所示,当左右两个摄像头同时观测实际目标点时,如果右摄像头识别的足球球心位
置偏差为 err,造成的摄像机深度方向误差为 δx,由于双目摄像机的基线 baseline
要远小于目标距离 x,则近似有

$$\frac{\delta x}{\text{err}} \approx \frac{x}{\text{baseline}} \tag{5.51}$$

所以单幅图像中对足球球心位置的识别误差会被放大到摄像机深度方
向上。

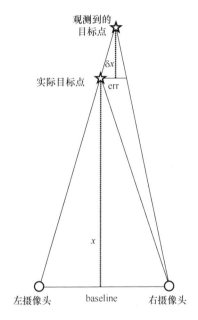

图 5.27　视差引起的测量误差示意图

3. 轨迹拟合结果

利用本节提出的方法对识别到的足球三维坐标信息进行运动轨迹拟合,在
x、y、z 三个方向上分别进行多次拟合的结果如图 5.28 所示,图中在每个方向上分
别绘制出了使用 5 个数据点的首次拟合结果,以及之后的使用 7 个点、9 个点、11
个点和 13 个点的更新拟合结果。

从拟合结果来看,随着不断更新拟合,拟合结果不断收敛,一致性越来越高,一
定程度上说明拟合结果的精度越来越高。尽管首次拟合结果精度较低,但对于守
门员机器人的快速反应具有重要意义。

4. 防守效果

使用本系统进行守门员的防守测试,机器人工作在自主运行状态,人在距离球门 5~9m、角度±45°的区域内,模拟挑射。守门员一次成功防守的过程如图 5.29 所示。

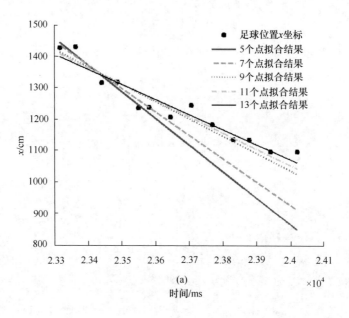

(a)

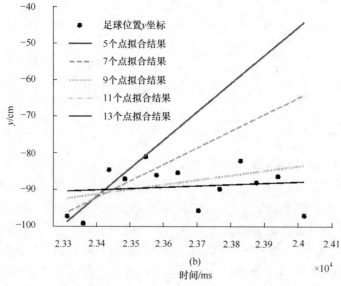

(b)

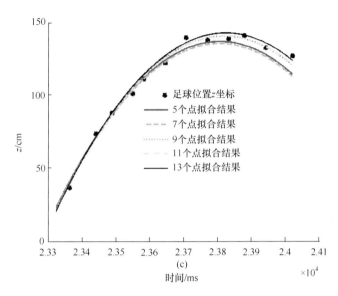

图 5.28 足球运动轨迹拟合结果

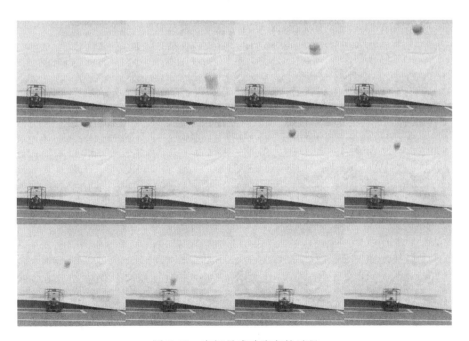

图 5.29 守门员成功防守的过程

　　测试结果表明,守门员机器人的防守成功率在 80% 以上,且射门距离越远,成功率越高。

　　防守失败的情况主要有两种:一是足球通过机器人上边缘与球门横梁的下边缘之间的空间进球,由于机器人尺寸的限制,该种情况无法避免;二是射门距离太近时,机器人来不及反应。

5. 实时性分析

　　双目立体视觉系统工作在 640×480 分辨率下,机器人所用计算机的处理器主频为 1.66GHz,内存为 1.0GB。计算机单独运行本视觉系统时,图像处理帧速度为 30fps,在比赛状态下,计算机同时运行机器人运动规划与控制程序等其他机器人子模块时,视觉系统可以以 20 帧/s 的帧速度稳定工作,基本满足比赛实时性的要求。

　　系统包括图像采集及畸变校正预处理线程、图像处理线程、足球运动状态估计线程、运动决策线程等,在 20 帧/s 的帧速度下工作时,以上线程的总时延约为 80ms,再加上曲线拟合所需最少 5 个数据点的时延,机器人的路径规划及运动控制相关线程的时延以及硬件通信时延,机器人的总反应时延约为 0.5s,即从机器人感知足球飞离地面开始,到机器人做出反应,系统总延时约为 0.5s,这与实际测量的时间相符。再考虑到机器人自身的加速度限制,使得机器人对近距离射门的防守能力较弱,这与实际防守实验的测试结论相吻合。

5.4.7　小结

　　本节研究并首次实现了双目视觉技术在 RoboCup 中型组足球机器人守门员上的应用,实现了在三维空间中对目标足球的识别与定位、运动轨迹拟合和落点位置预测等运动信息的估计,并在此基础上基于有限状态机设计了机器人的运动决策系统以实现对目标足球的拦截防守。

　　实验结果和实际应用效果表明,本节所设计的系统对挑射的足球能够有效拦截防守,大大提高了足球机器人在三维空间中的防守能力。基于本节的研究成果,NuBot 机器人足球队获得了 2011 年中国机器人大赛暨 RoboCup 中国公开赛中型组自选项目技术挑战赛的冠军。

　　同时,该系统还存在有待进一步改进的地方。如双目视觉在深度方向上对足球的定位精度较差,一方面可以通过提高图像处理识别足球球心的精度来改进;另一方面可以通过增大双目立体视觉的基线来提高精度。系统处理帧速度还有待进一步提高,一方面可以通过提高计算机硬件计算能力来改进;另一方面可以通过进一步优化算法,特别是多线程之间的任务分配来改进。

5.5 本 章 小 结

本章主要研究了足球机器人对障碍物目标的跟踪问题和对足球目标的状态估计问题。根据实际比赛中障碍物目标的典型运动情景、可能采取的运动控制算法以及受到的物理约束等,提出了基于"当前"统计模型的单目标跟踪滤波器,并采用基于概率密度截断方法的目标状态估计约束,有效提高了单目标跟踪滤波器的抗噪声能力;在此基础上,提出了采用联合概率数据关联算法来解决足球机器人在目标密集环境下针对多目标的测量与目标关联问题,在多个目标相互接近并发生碰撞的情况下仍然具有良好的跟踪效果。针对二维平面上足球运动速度估计问题,提出了一种 RANSAC 与 Kalman 滤波相结合的方法,在足球位置信息具有较大的误差以及速度方向改变较频繁的情况下,仍然可以准确地估计出足球的速度;最后将双目视觉应用于足球机器人守门员,实现了在三维空间中对目标足球的识别与定位、运动轨迹拟合和落点位置预测等运动信息的估计,大大提高了足球机器人在三维空间中的防守能力。

参 考 文 献

[1] 海丹. 全向移动平台的设计与控制. 长沙:国防科学技术大学硕士学位论文,2005

[2] 张杰,李永新,余凯平,等. 基于 bang-bang 控制的足球机器人运动控制研究. 机械设计与制造,2007,12:146-148

[3] Moose R L,Wang P P. An adaptive estimator with learning for a plant containing semi-markov switching parameters. IEEE Transactions on Systems,Man,& Cybernetics,1973,3(3):277-281

[4] Singer R A. Estimating optimal tracking filter performance for manned maneuvering targets. IEEE Transactions on Aerospace and Electronic Systems,1970,6(4):473-483

[5] 周宏仁. 机动目标"当前"统计模型与自适应跟踪算法. 航空学报,1983,4(1):73-86

[6] Alouani A,Blair W. Use of a kinematic constraint in tracking constant speed,maneuvering targets. IEEE Transactions on Automatic Control,1993,38(7):1107-1111

[7] De Geeter J,Van Brussel H,De Schutter J,et al. A smoothly constrained Kalman filter. IEEE Transactions on Pattern Analysis and Machine Intelligence,1997,19(10):1171-1177

[8] Massicotte D,Morawski R,Barwicz A. Incorporation of a positivity constraint into a Kalman-filter-based algorithm for correction of spectrometric data. IEEE Transactions on Instrumentation and Measurement,1995,44(1):2-7

[9] Qian K,Pang X,Li B,et al. Kalman filtering with inequality constraints for certain turbofan engine sensors fault diagnosis. Proceedings of the Sixth World Congress on Intelligent Control and Automation,Dalian,2006:5428-5432

[10] Simon D,Chia T L. Kalman filtering with state equality constraints. IEEE Transactions on

Aerospace and Electronic Systems,2002,38(1)：128-136

[11] Sircoulomb V,Hoblos G,Chafouk H,et al. State estimation under nonlinear state inequality constraints. A tracking application. Proceedings of the 2008 16th Mediterranean Conference on Control and Automation,Ajaccio,2008：1669-1674

[12] Kalmár-Nagy T,D'Andrea R,Ganguly P. Near-optimal dynamic trajectory generation and control of an omnidirectional vehicle. Robotics and Autonomous Systems,2004,46(1)：47-64

[13] 卢盛才. 足球机器人的设计与全向移动平台的控制. 长沙：国防科学技术大学硕士学位论文,2009

[14] Wen W,Durrant-Whyte H. Model-based multi-sensor data fusion. Proceedings of the 1992 IEEE International Conference on Robotics and Automation,Nice,1992：1720-1726

[15] Wang L S,Chiang Y T,Chang F R. Filtering method for nonlinear systems with constraints. IEEE Proceedings-Control Theory and Applications,2002,149(6)：525-531

[16] Simon D. Optimal State Estimation：Kalman,H Infinity,and Nonlinear Approaches. Berlin：John Wiley& Sons. 2006

[17] Michalska H,Mayne D Q. Moving horizon observers and observer-based control. IEEE Transactions on Automatic Control,1995,40(6)：995-1006

[18] Simon D. Kalman filtering with state constraints：A survey of linear and nonlinear algorithms. IET Control Theory & Applications,2010,4(8)：1303-1318

[19] Kirubarajan T,Bar-Shalom Y. Probabilistic data association techniques for target tracking in clutter. Proceedings of the IEEE,2004,92(3)：536-557

[20] Chang K C,Chong C Y,Bar-Shalom Y. Joint probabilistic data association in distributed sensor networks. IEEE Transactions on Automatic Control,1986,31(10)：889-897

[21] Blackman S S. Multiple hypothesis tracking for multiple target tracking. IEEE Aerospace and Electronic Systems Magazine,2004,19(1)：5-18

[22] 何友,田宝国. 基于神经网络的广义经典分配航迹关联算法. 航空学报,2004,25(3)：300-303

[23] Garcia J,Besada J A,Molina J M,et al. Fuzzy data association for image-based tracking in dense scenarios. Proceedings of the 2002 IEEE International Conference on Fuzzy Systems,Hawaii,2002：902-907

[24] Fortmann T,Bar-Shalom Y,Scheffe M. Sonar tracking of multiple targets using joint probabilistic data association. IEEE Journal of Oceanic Engineering,1983,8(3)：173-184

[25] Lauer M,Lange S,Riedmiller M. Modeling moving objects in a dynamically changing robot application. KI 2005：Advances in Artificial Intelligence,2005：291-303

[26] Silva J,Lau N,Rodrigues J,et al. Sensor and information fusion applied to a robotic soccer team. RoboCup 2009：Robot Soccer World Cup VIII,2010：366-377

[27] Taleghani S,Aslani S,Shiry S. Robust moving object detection from a moving video camera using neural network and kalman filter. RoboCup 2008：Robot Soccer World Cup VII,LNAI 5399,2009：638-648

[28] 董鹏. 基于全向视觉的足球机器人任意足球识别与跟踪问题研究. 长沙：国防科学技术大

学硕士学位论文,2010

[29] 董鹏,卢惠民,杨绍武,等. 基于 RANSAC 和 Kalman 滤波的足球机器人球速估计算法. 计算机应用,2010,30(9):2305-2313

[30] Fischler M A,Bolles R C. Random sample consensus:A paradigm for model fitting with applications to image analysis and automated cartography. Comm. of the ACM,1981,24(6):381-395

[31] Lima P,Bonarini A,Machado C,et al. Omni-directional catadioptric vision for soccer robots. Robotics and Autonomous Systems,2001,36(2/3):87-102

[32] Neves A J R,Pinho A J,Martins D A,et al. An efficient omnidirectional vision system for soccer robots:From calibration to object detection. Mechatronics,2011,21(2):399-410

[33] Menegatti E,Pretto A,Scarpa A,et al. Omnidirectional vision scan matching for robot localization in dynamic environments. IEEE Transactions on Robotics,2006,22(3):523-535

[34] Lu H,Yang S,Zhang H,et al. A robust omnidirectional vision sensor for soccer robots. Mechatronics,2011,21(2):373-389

[35] Voigtländer A,Lange S,Lauer M,et al. Real-time 3d ball recognition using perspective and catadioptric cameras. Proceedings of 2007 European Conference on Mobile Robots, Freiburg,2007

[36] Lauer M,Schönbein M,Lange S,et al. 3d-object tracking with a mixed omnidirectional stereo camera system. Mechatronics,2011,21(2):390-398

[37] Käppeler U,Höferlin M,Levi P. 3d object localization via stereo vision using an omnidirectional and a perspective camera. Proceedings of the 2nd Workshop on Omnidirectional Robot Vision,Anchorage,2010:7-12

[38] Kanters F M W,Hoogendijk R,Janssen R J M,et al. Tech united eindhoven team description 2011. RoboCup 2011 Istanbul,CD-ROM,2011

[39] Lu H,Yu Q,Xiong D,et al. Object motion estimation based on hybrid vision for soccer robots in 3d space. RoboCup 2014 International Symposium,João Pessoa,2014

[40] Yu Q,Huang K,Lu H,et al. Object motion estimation and interception based on stereo vision for soccer robots in 3d space. Proceedings of the 32nd Chinese Control Conference, Xi'an,2013:5943-5948

[41] 刘斐,卢惠民,郑志强. 基于线性分类器的混合空间查找表颜色分类方法. 中国图象图形学报,2008,13(1):104-108

[42] 杨绍武. 基于双目视觉的乒乓球识别与跟踪问题研究. 长沙:国防科学技术大学硕士学位论文,2009

[43] 卢惠民,张辉,杨绍武,等. 一种鲁棒的基于全向视觉的足球机器人自定位方法. 机器人,2010,32(4):553-559,567

[44] Lu H,Li X,Zhang H,et al. Robust and real-time self-localization based on omnidirectional vision for soccer robots. Advanced Robotics,2013,27(10):799-811

[45] 贾建强,陈卫东,席裕庚. 基于有限状态机的足球机器人行为设计与综合. 高技术通讯,2004,14(4):61-65

第6章 足球机器人视觉自定位

足球机器人自定位指的是获得机器人在比赛场地上的位置和姿态信息,为室内结构化环境中的移动机器人自定位问题。当室内结构化环境为静态的时候,机器人的视觉自定位已经得到了较好的解决,但是当该环境为高度动态的时候,该问题仍然面临着较大的挑战。本章将针对 RoboCup 中型组机器人足球比赛环境这样一种典型的室内结构化环境,进行基于全向视觉的机器人自定位问题的研究。RoboCup 中型组比赛提供了一个研究多机器人协调控制、机器人视觉等相关问题的标准测试平台,其机器人要求是完全自主的。具有在比赛场地中的自定位能力是足球机器人实现协同协作、运动规划、控制决策等的基础,特别是根据 2008 年以后的新规则,黄、蓝色的球门均被替换成与人类比赛中类似的白色球网,机器人只有具备在场地中的自定位能力才可能完成比赛。

在比赛过程中,双方共有多达 10 个机器人同时在 $18m \times 12m$ 的场地上进行激烈的对抗,因此经常会出现机器人视觉系统的视野被大量遮挡和机器人之间碰撞的情况,机器人自定位发生错误的情况也难以完全避免。同时,尽管目前比赛仍然在室内环境中进行,但是自然光线已经被越来越多地引入,且根据 RoboCup 的最终目标,机器人迟早要能够在户外进行足球比赛。因此,如何使机器人的视觉系统特别是视觉自定位能力对大量遮挡、光线条件变化等环境动态因素具有很强的鲁棒性,而且在定位发生错误的情况下能够可靠地恢复出自定位,即实现全局定位,仍然是一个具有挑战性的问题。

本章针对 RoboCup 中型组比赛环境高度动态的特点,介绍两种目前最为流行的视觉自定位方法,并针对现有定位方法的不足,提出一种鲁棒的基于全向视觉的足球机器人自定位方法,该方法结合使用粒子滤波和匹配优化定位,在高效率地实现高精度自定位的同时实现可靠的全局定位,同时还使用第 3 章提出的基于图像熵的摄像机参数自动调节算法以使全向视觉的输出能够适应光线条件的变化。

本章内容安排如下:6.1 节介绍足球机器人现有的常用视觉自定位方法,并分析了其不足之处;6.2 节提出一种新的结合使用粒子滤波和匹配优化的自定位方法;6.3 节设计了多组机器人自定位实验验证所提出方法的有效性和鲁棒性,并讨论算法的实时性;6.4 节为本章小结。

6.1　足球机器人常用的视觉自定位方法

近十年来,研究人员针对 RoboCup 中型组足球机器人先后提出了一些基于全向视觉的自定位方法,主要有以下四种。

(1) 提取黄、蓝球门、立柱等地标点,实现几何三角定位[1];

(2) 使用 Hough 变换等方法提取场地白色标志线并使用球门、立柱信息判断直线归属,实现几何定位[2,3];

(3) 粒子滤波定位方法,也称为蒙特卡罗定位方法[4,5];

(4) 基于匹配优化的自定位方法[6]。

随着新规则将球门的蓝黄颜色和立柱去除,前两种定位方法已经无法继续使用,且其精度和稳定性也较差,因此粒子滤波定位和匹配优化定位方法成为最常用的两种足球机器人自定位方法。

6.1.1　粒子滤波定位方法

机器人自定位问题可以建模为 Bayes 滤波问题[7]。Bayes 方法使用后验概率 $p(l_t|z_{1:t},u_{1:t})$ 描述当前 t 时刻关于机器人自定位 l_t 的所有知识,其中 $u_{1:t}$ 和 $z_{1:t}$ 分别为从开始时刻到当前 t 时刻机器人的所有控制输入和感知输入。根据 Bayes 公式,有

$$p(l_t|z_{1:t},u_{1:t}) = \frac{p(z_t|l_t,z_{1:t-1},u_{1:t})p(l_t|z_{1:t-1},u_{1:t})}{p(z_t|z_{1:t-1},u_{1:t})}$$
$$= \eta p(z_t|l_t,z_{1:t-1},u_{1:t})p(l_t|z_{1:t-1},u_{1:t}) \qquad (6.1)$$

由于机器人当前时刻的感知输入 z_t 仅取决于其当前时刻的位姿状态 l_t,即满足 Markov 过程,所以有 $p(z_t|l_t,z_{1:t-1},u_{1:t}) = p(z_t|l_t)$。根据全概率公式,有

$$p(l_t|z_{1:t-1},u_{1:t}) = \int p(l_t|l_{t-1},z_{1:t-1},u_{1:t})p(l_{t-1}|z_{1:t-1},u_{1:t})dl_{t-1} \qquad (6.2)$$

又由于机器人当前时刻位姿 l_t 仅与上时刻位姿 l_{t-1},以及上时刻到当前时刻之间的控制输入 u_t 有关,即满足 Markov 过程,而 l_{t-1} 显然与 u_t 无关,所以有 $p(l_t|l_{t-1},z_{1:t-1},u_{1:t}) = p(l_t|l_{t-1},u_t)$,和 $p(l_{t-1}|z_{1:t-1},u_{1:t}) = p(l_{t-1}|z_{1:t-1},u_{1:t-1})$。结合上述推导,最后得到如下关于机器人自定位的 Bayes 滤波公式:

$$p(l_t|z_{1:t},u_{1:t}) = \eta p(z_t|l_t)\int p(l_t|l_{t-1},u_t)p(l_{t-1}|z_{1:t-1},u_{1:t-1})dl_{t-1} \qquad (6.3)$$

该滤波过程,即 $p(l_t|z_{1:t},u_{1:t})$ 的计算分两个阶段进行:预测阶段,根据机器人运动模型 $p(l_t|l_{t-1},u_t)$ 和上一时刻的后验概率 $p(l_{t-1}|z_{1:t-1},u_{1:t-1})$ 预测机器人自

定位,即 $p(l_t \mid z_{1:t-1}, u_{1:t}) = \int p(l_t \mid l_{t-1}, u_t) p(l_{t-1} \mid z_{1:t-1}, u_{1:t-1}) \mathrm{d}l_{t-1}$;更新阶段,融合机器人的感知模型 $p(z_t \mid l_t)$ 更新机器人自定位的后验概率,即 $p(l_t \mid z_{1:t}, u_{1:t}) = \eta p(z_t \mid l_t) p(l_t \mid z_{1:t-1}, u_{1:t})$。机器人的自定位按照上述滤波过程迭代进行。$p(l_t \mid z_{1:t}, u_{1:t})$ 选择不同的描述形式,就能获得不同的概率定位方法[8],如 Kalman 滤波定位法[9]、Markov 定位法[10]、蒙特卡罗定位法[11]等。

蒙特卡罗定位,又称粒子滤波定位,是基于上述 Bayes 滤波框架的 Markov 定位的有效实现,是一种基于采样/重要性采样(SIS)的定位方法。粒子滤波定位使用 N 个粒子点的集合 $S = \{s_1, \cdots, s_N\}$ 表示机器人定位值在状态空间的分布,即描述机器人自定位的后验概率密度,其中每个粒子点 $s_i = \langle l_i, p_i \rangle$ 包括机器人可能的定位值 $l_i = \langle x_i, y_i, \theta_i \rangle$ 和权重 $p_i, \sum_{i=1}^{N} p_i = 1$。在机器人定位过程中,以下三个步骤循环进行。

(1) 基于权重的重采样:根据概率 p_i 对集合 S 进行 N 次随机重采样,粒子 s_i 被重采样的概率正比于其权重 p_i,获得由 N 个粒子点组成的新集合 S'。重采样算法如下所示:

已知 N 个采样点 $s_1, \cdots, s_N$,其权重分别为 $p_1, \cdots, p_N$,且 $\sum_{i=1}^{N} p_i = 1$,重采样过程如下。

(1) 产生 $N+1$ 个在 $[0,1]$ 的随机数 rand,分别计算其负对数函数值 $t_i = -\ln(\text{rand}), i = 1, 2, \cdots, N+1$;

(2) 分别计算 $T_j = \sum_{l=1}^{j} t_l (j = 1, 2, \cdots, N+1)$ 和 $Q_k = \sum_{l=1}^{k} p_l (k = 1, 2, \cdots, N)$;

(3) 计算 $T_j = T_j / T_{N+1} (j = 1, 2, \cdots, N+1)$;

(4) $j = 1, k = 1$;

(5) 如果满足 $T_j < Q_k$,采样点 s_k 被重采样,加入到新的样本集,$j = j+1$;否则,$k = k+1$;

(6) 如果 $j \leqslant N$,返回(5);否则转下一步;

(7) 重采样结束。

---

(2) 用运动模型 $P(l \mid l', a)$ 来更新所有的粒子点。对每个粒子 $\langle l', p' \rangle \in S'$,从密度分布 $P(l \mid l', a)$ 中随机抽取一个 l,将新的粒子 $\langle l, p' \rangle$ 加入 S 中,其中 a 为机器人的运动信息,或为机器人的控制输入 u。

(3) 观测更新和权重计算:采用视觉感知输入 o 来更新机器人可能定位值的置信度。每个粒子点 $\langle l, p' \rangle$ 的新权重为 $p = aP(o \mid l) p'$,其中 a 为归一化因子,使得所有粒子点的权重之和等于 1。机器人自定位结果通过对所有粒子点加权求和得到。

粒子滤波定位方法同前几种概率定位方法相比较具有明显的优势。

(1) 相比较 Kalman 滤波定位方法,粒子滤波定位方法能够描述多模型概率分布和实现绝对定位;

(2) 相比较 Markov 定位方法,在保持相同的定位精度的前提下,粒子滤波定位方法对存储空间的需求更低,具有更快的运算速度;

(3) 粒子滤波定位方法便于实现。

在粒子滤波的具体实现上,首先需要设定粒子个数,滤波初始时刻粒子点在 18m×12m 的场地上随机分布。粒子滤波中的运动模型 $P(l|l',a)$ 描述了机器人位于 l' 时运动 a 后到达 l 的概率。机器人的里程计可以获得机器人在世界坐标系中从时刻 $k-1$ 到时刻 k 的位置和朝向的偏移量,分别用 $(\Delta x, \Delta y)$ 和 $\Delta\theta$ 表示。因此,根据运动模型 $P(l|l',a)$ 可将粒子点按照如下公式从 $l'=\langle x',y',\theta'\rangle$ 移动到 $l=\langle x,y,\theta\rangle$:

$$\begin{cases} x=x'+\Delta x(1+\delta_x) \\ y=y'+\Delta y(1+\delta_y) \\ \theta=\theta'+\Delta\theta(1+\delta_\theta) \end{cases} \tag{6.4}$$

其中,δ_x、δ_y、δ_θ 均为在 $[-0.05,0.05]$ 的高斯伪随机数。

观测模型 $P(o|l)$ 描述了机器人位于 l 处而传感器的输入为 o 的概率。由于场地中只有白色标志线信息可以用于机器人定位,所以在全景图像上定义 72 条径向扫描线,使用第 3 章中描述的白线点特征提取算法检测出图像上的 n 个白线点特征 $f_1,\cdots,f_n$,典型全景图像的图像处理和白线点提取结果如图 6.1 所示。每个特征的检测仅仅依赖于机器人的位置和朝向,而不依赖于其他特征的检测,因此可认为各视觉特征之间的观测是相互独立的。

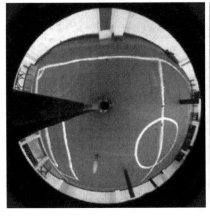
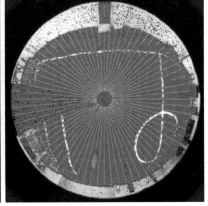

(a) NuBot全向视觉系统采集到的典型全景图像　　(b) 图像处理和白线点提取结果

图 6.1　典型全景图像的图像处理和白线点提取结果

$P(f_i | l_i)$表示机器人位于l_i时检测到特征f_i的可能性。首先根据式(6.5)将每个特征点的坐标转换到世界坐标系中,记为o_i:

$$o_i = \begin{bmatrix} x_i \\ y_i \end{bmatrix} + \begin{bmatrix} \cos\theta_i & -\sin\theta_i \\ \sin\theta_i & \cos\theta_i \end{bmatrix} \begin{bmatrix} o_i^x \\ o_i^y \end{bmatrix} \tag{6.5}$$

其中,定义(o_i^x, o_i^y)为机器人检测到的视觉特征点f_i在机器人体坐标系下的坐标值;(x_i, y_i, θ_i)为粒子点l_i在世界坐标系下的位姿信息。接着使用该值与场地上该特征点的真实位置的偏差来度量机器人位于l_i时检测到特征f_i的概率,偏差越小,则概率越大。该偏差可用世界坐标系下该特征点到其最近白色标志线的距离来近似,记为$d(o_i)$。场地中的白色标志线分布情况如图6.2所示。因此,该偏差仅依赖于o_i,并且可事先离线地计算好并存储在一个二维查找表中。$d(o_i)$在场地上的分布情况如图6.3所示,图中亮度代表偏差值的大小,越高的亮度意味着越小的偏差值,图中可明显看出该偏差值如何随o_i变化。以位于白线处的o_i为例,其对应的$d(o_i)$应为0,因此图中亮度值最大。

$P(f_i | l_i)$定义为

$$P(f_i | l_i) = \exp\left(\frac{-d(o_i)d(o_i)}{2\sigma^2}\right) \tag{6.6}$$

其中,σ为常量。又因为特征之间的观测互相独立,机器人的观测模型可按照以下公式计算获得:

$$P(o | l_i) = P(f_1 \cdots f_n | l_i) = P(f_1 | l_i) \cdots P(f_n | l_i) \tag{6.7}$$

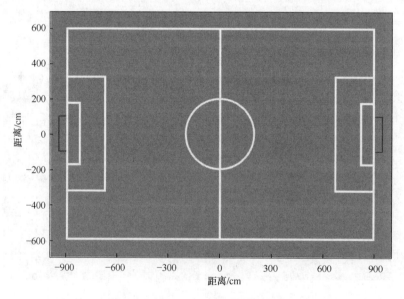

图 6.2　场地中的白色标志线分布情况

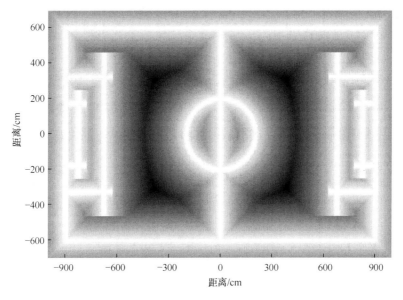

图 6.3　$d(o_i)$在场地上的分布情况

　　机器人使用上述粒子滤波定位算法得到的自定位结果如图 6.4 所示。图中黑实线为机器人真实的运动轨迹,灰虚线为机器人使用粒子滤波算法得到的自定位结果。从图中可看出,机器人最多只需 6 个定位周期即可实现自定位,定位算法收敛速度快,且如图 6.4(b)所示,机器人使用粒子滤波定位算法后具有全局定位能力,即在定位失效时恢复自定位,能有效解决机器人绑架问题[12]。

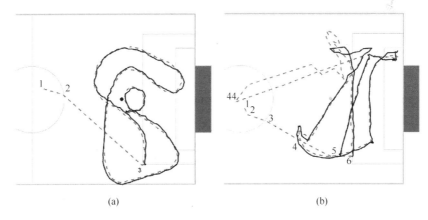

图 6.4　粒子滤波自定位结果[13]

其中黑实线为机器人真实的运动轨迹,灰虚线为
机器人使用粒子滤波算法得到的自定位结果

　　传统粒子滤波定位算法的主要缺陷是大量时间用于计算权重已经较低的粒子,这些粒子对定位结果没有什么贡献,算法具有一定的盲目性。因此,文献[13]提出了一种高效的粒子滤波定位算法,该算法自适应调整粒子数量,在机器人自定位已经足够准确的情况下,甚至只需要一个粒子即可实现定位跟踪。

6.1.2　匹配优化定位方法

　　匹配优化定位方法的主要思想是将机器人观测到的特征点与环境信息作匹配,定义误差函数,并通过优化算法寻找机器人自定位的最优解以使误差函数最小化。定义(o_i^x, o_i^y)为机器人检测到的视觉特征点在机器人体坐标系下的坐标值,机器人定位值为世界坐标系下的(x, y, θ),将特征点从机器人体坐标系转换到世界坐标系中为

$$o_i = \begin{bmatrix} x \\ y \end{bmatrix} + \begin{bmatrix} \cos\theta & -\sin\theta \\ \sin\theta & \cos\theta \end{bmatrix} \begin{bmatrix} o_i^x \\ o_i^y \end{bmatrix} \tag{6.8}$$

该值与场地上该特征点的真实位置的偏差可定义为$d(o_i)$,因此机器人自定位问题可建模为求解如下优化问题:

$$\min_{x,y,\theta} \sum_{i-1}^{n} e(d(o_i)) \tag{6.9}$$

其中,n为视觉特征点的个数;$e(t)$函数定义为$1 - \dfrac{c^2}{c^2 + t^2}$;$c$为常量。文献[6]使用RPROP算法来优化计算出机器人自定位的数值解。同时,由于完全依赖视觉信息的定位总是会受图像噪声等因素的影响,定位存在一定抖动,所以该方法还融合了电机编码器获得的里程计信息来实现机器人稳定精确的自定位,具体算法描述参见文献[6]。

6.1.3　两种自定位方法的优点和不足

　　前面介绍的两种自定位方法各有其优缺点,粒子滤波定位能够有效解决机器人的全局定位,在定位失效时恢复自定位,即解决机器人绑架问题,但是由于需要使用大量的粒子点才能很好地逼近机器人自定位的真实后验概率密度,而粒子点的数量直接影响定位算法的复杂度,所以粒子滤波定位算法的精度和计算效率是相矛盾的,也就造成了其定位精度和效率相对较低。而匹配优化定位通过最小化公式(6.9)中的误差函数搜索出定位结果,理论上其定位精度仅取决于优化算法本身的计算精度和视觉测量精度,而且优化算法往往仅需几毫秒即可完成一帧图像的定位计算,因此匹配优化方法是一种高效率和高精度的定位算法。但是该方法由于需要根据机器人的定位初值进行优化计算,即需要已知定位初值,所以是一种定位跟踪算法,无法解决全局定位问题。

6.2　结合使用粒子滤波和匹配优化的机器人自定位方法

鉴于 6.1 节中介绍的目前在足球机器人中最常用的两种定位方法各有其优点和不足,而且高度动态的比赛对机器人自定位提出了严格的要求,因此本节提出一种将粒子滤波和匹配优化定位结合使用的机器人自定位方法[14],算法框架如图 6.5 所示。由于比赛新规则将黄蓝球门替换为白色球网并去除黄蓝立柱,比赛场地成为两个半场完全对称的环境,所以在全局定位阶段和判断自定位是否错误时,电子罗盘被用作机器人的朝向传感器以消除这种对称性。

在本算法中,粒子滤波定位中的粒子个数设为 600,初始时刻它们在 18m ×12m 的场地上随机分布,其朝向均设为电子罗盘的输出角度值。机器人首先使用 6.1.1 节中描述的粒子滤波算法进行初始的全局定位,并使用粒子点分布的方差来表征粒子滤波定位是否收敛。当粒子点分布的方差小于某一阈值时,可认为粒子滤波大致收敛,机器人已经获得比较准确的自定位值,机器人以其为定位初值并改为使用匹配优化定位进行精确高效的定位跟踪。匹配优化中观测到的特征点与其真实位置的偏差也用世界坐标系下该特征点到其最近白线的距离来近似。优化算法也采用文献[6]中所使用的 RPROP 算法,该算法以误差函数的一阶导数为梯度,并根据梯度的方向及方向的变化信息来搜索最优解。匹配优化定位中最后融合的里程计信息与式(6.4)中描述的粒子滤波使用的里程计信息相同。融合原则为:当视觉信息不确定性高时,定位结果更多依赖于里程计信息;当视觉信息精度高时,定位结果更多依赖于视觉信息。

机器人自定位发生错误的情况通过如下准则来检测:匹配优化定位完成后,如果所有观测到的特征点与其真实位置的平均偏差大于某阈值,且机器人的朝向定位值与当前电子罗盘的输出值之间的偏差大于某阈值,则认为自定位存在问题。如果连续 5 帧的自定位存在问题,则认为机器人自定位发生错误,这时重新启动粒子滤波进行全局定位,恢复出大致正确的自定位值。

上述结合使用粒子滤波和匹配优化定位的机器人自定位方法,既保持了粒子滤波和匹配优化定位的优点,又相互弥补了其各自的不足,使得机器人在高效率地获得高精度的自定位结果的同时,还能可靠地实现全局定位。

由于目前中型组比赛中越来越多地引入了自然光线,给机器人的目标识别和视觉自定位带来了更大的挑战,所以本定位方法还结合使用第 3 章中提出的基于图像熵的摄像机参数自动调节算法,以使全向视觉在图像获取上实现一定程度的对光线条件的恒常性,进而鲁棒地提取出机器人自定位所需的场地白线点特征,提高机器人自定位对光线条件的鲁棒性。

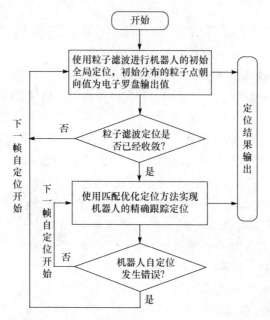

图6.5　结合粒子滤波和匹配优化的机器人自定位算法

6.3　实验结果与分析

在 18m×12m 的 RoboCup 中型组标准场地上进行 3 组不同的机器人自定位实验以分别测试所提出的定位算法的性能,即遮挡情况的鲁棒性、全局定位能力和对光线条件的鲁棒性。在实验过程中,机器人被动地沿着场地上的若干条直线(地毯的缝合线)运动,如图 6.6、图 6.8 和图 6.11 中的黑色直线所示,机器人实时地计算并存储其自定位结果(图 6.6、图 6.8 和图 6.11 中的深灰色轨迹),再与黑色直线进行比较,以评价定位的精度。

6.3.1　遮挡情况下的自定位

本实验通过不处理全景图像上的部分区域来模拟高度动态的比赛过程中出现的视觉系统被部分遮挡的情况。图 6.1(a)为全向视觉系统在 RoboCup 中型组标准场地中采集到的典型的全景图像。实验中分别设置了全向视觉系统被遮挡 1/8、1/4、1/2 的情况,此时图 6.1(a)中的全景图像的图像颜色分割和白线点特征提取的结果如图 6.7 所示,图中的黑色扇形区域即为假设被遮挡的区域,深灰色的点为检测到的场地白线点。机器人在没有被遮挡和出现上述遮挡情况下的自定位结果如图 6.6 所示。定位误差的统计结果如表 6.1 所示。

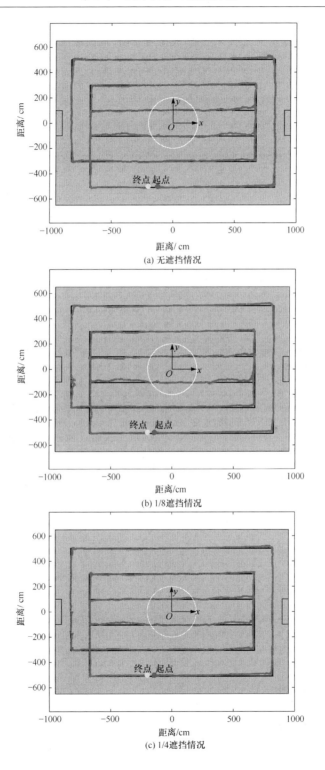

(a) 无遮挡情况

(b) 1/8遮挡情况

(c) 1/4遮挡情况

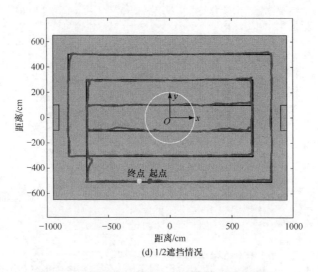

(d) 1/2遮挡情况

图 6.6　不同遮挡情况下的机器人自定位结果

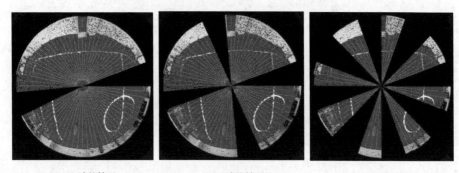

(a) 1/8 遮挡情况　　　　　　　(b) 1/4遮挡情况　　　　　　　(c) 1/2遮挡情况

图 6.7　不同遮挡情况下的图像处理和白线点提取结果

表 6.1　不同遮挡情况下的机器人自定位误差统计结果

光线条件 定位 值　误差 指标	无遮挡			1/8 遮挡			1/4 遮挡			1/2 遮挡		
	平均 误差	均方 差	最大 误差	平均 误差	均方 差	最大 误差	平均 误差	均方 差	最大 误差	平均 误差	均方 差	最大 误差
x/cm	5.907	7.3340	30.724	5.981	7.5945	32.817	5.732	7.0163	33.830	7.830	10.017	47.035
y/cm	5.967	7.1172	35.595	7.143	7.3131	35.036	7.417	7.1032	30.449	6.946	6.798	29.730
θ/rad	0.044	0.0516	0.286	0.059	0.0750	0.468	0.064	0.0796	0.550	0.063	0.080	0.530

从图 6.6 和表 6.1 中可以看出,机器人位置定位的平均误差均小于 8cm,朝

向定位的平均误差均小于 0.064rad,各种遮挡情况并没有造成机器人自定位精度的明显下降,表明机器人使用所提出的自定位算法能够实现高精度的自定位,并对全向视觉系统被部分遮挡的情况具有很强的鲁棒性。同时,根据文献[5]和[13]中给出的实验结果,该文献中的中型组足球机器人使用粒子滤波方法进行了多组定位实验,获得的位置自定位平均误差基本在 15~40cm,说明相比较原有的仅使用粒子滤波的定位算法,本节所提出的定位算法能够使机器人获得更高的自定位精度。

6.3.2　全局自定位

机器人自定位过程中,通过将机器人视觉系统完全遮挡,再将机器人搬到场地上的新位置,实现绑架机器人;然后,使视觉系统继续工作,以测试所提出算法的全局定位能力。实验中分别将机器人从场地上的 A 位置绑架到 B 位置,再从 C 位置绑架到 D 位置,如图 6.8 所示。机器人均能可靠地实现自定位,表明机器人使用所提出的自定位算法能够较好地实现全局自定位,而这是原有的仅使用匹配优化定位的方法所无法解决的。

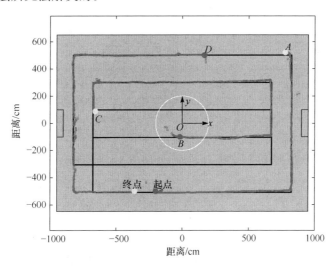

图 6.8　机器人绑架后的全局自定位结果

6.3.3　不同光线条件下的自定位

这组实验通过在三种不同的光线条件下进行自定位以测试所提出算法对光线条件的鲁棒性。光线条件 1 与 6.3.1 节中的光线条件相同,仅有日光灯照明,且本组自定位实验中图像处理所用的颜色查找表均为该光线条件下学习得到的。光线条件 2 则不仅有日光灯照明,还通过环境中的窗户受到强烈的太阳光线的影响。

该光线条件下,摄像机使用光线条件1下的最优参数时全向视觉输出的图像及图像处理结果如图6.9(a)和(b)所示。图像过度曝光严重,图像处理结果极其糟糕,几乎没有白线点被提取出来,机器人无法根据该结果进行自定位。使用第3章中提出的基于图像熵的摄像机参数自动调节算法优化摄像机参数后,全向视觉系统输出的全景图像及图像处理结果如图6.10(a)和(b)所示,图像熵沿着搜索路径的分布情况如图6.10(c)所示。从图中可看出,该光线条件下,摄像机的最优曝光时间和增益分别为12ms和12,此时图像曝光适当,图像处理的结果可用于实现机器人的目标识别和自定位。该摄像机参数自动调节方法能够使全向视觉系统的输出自适应于光线条件的变化。光线条件3为动态的光线条件,在机器人自定位过程中,通过打开或者关闭部分日光灯使光线动态变化,机器人需要自动检测出光线条件的变化,并在线优化摄像机参数以适应光线的变化。

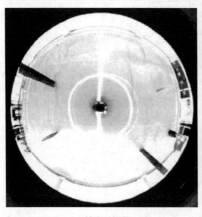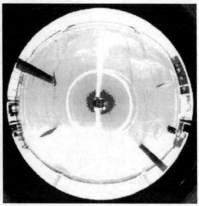

(a) 输出的图像　　　　　　　　　　　　　　(b) 图像处理结果

图6.9　摄像机参数未优化时全向视觉输出的图像和图像处理结果

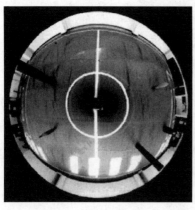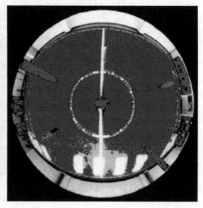

(a) 输出的图像　　　　　　　　　　　　　　(b) 图像处理结果

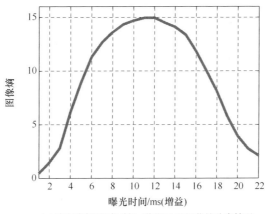

(c) 搜索路径"曝光时间=增益"上的图像熵分布情况

图 6.10　摄像机参数自动调节后全向视觉输出的图像和图像处理结果

　　上述这三种光线条件下的机器人自定位结果分别如图 6.7(a)、图 6.11(a)、图 6.11(b)所示，其中图 6.11(b)中的黑点表示机器人检测到光线条件发生变化并调节摄像机参数时所处的位置。定位误差的统计结果如表 6.2 所示。从图表中可看出，尽管使用的是相同的颜色标定结果，但是机器人在完全不同的光线条件下均能取得很好的定位结果，表明在结合使用摄像机参数自动调节算法后，机器人自定位算法对光线条件的变化也具有较好的鲁棒性。光线条件 2 下，机器人自定位的最大误差相对较大，是在场地中的某些位置，太阳光线的影响过于强烈所造成的。

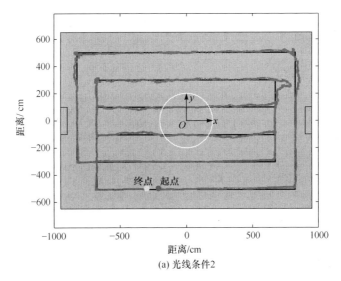

(a) 光线条件2

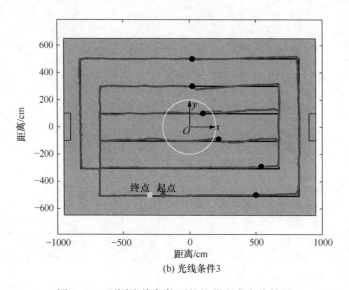

(b) 光线条件3

图 6.11　不同光线条件下的机器人自定位结果

表 6.2　不同光线条件下的机器人自定位误差统计结果

定位值 \ 误差指标 \ 光线条件	光线条件 1			光线条件 2			光线条件 3		
	平均误差	均方差	最大误差	平均误差	均方差	最大误差	平均误差	均方差	最大误差
x/cm	5.907	7.3340	30.724	6.416	12.4310	95.396	2.751	3.5930	16.834
y/cm	5.967	7.1172	35.595	5.544	7.3814	33.063	5.867	7.5326	35.173
θ/rad	0.044	0.0516	0.286	0.067	0.0933	0.580	0.047	0.0613	0.279

6.3.4　算法的实时性能

　　由于 RoboCup 中型组比赛的高度动态性,足球机器人的传感器需要尽量快地处理传感器信息以实现对环境的实时感知。本实验测试所提出的机器人自定位算法中分别使用粒子滤波(粒子点个数为 600)和使用匹配优化定位时定位计算所需的时间,每种算法均测试 1000 个定位周期,结果如图 6.12 所示,粒子滤波和匹配优化定位计算所需的时间已在图中标出,机器人所携带计算机的处理器主频为 1.66GHz,内存为 1.0GB。从图 6.12 中可以看出,当使用粒子滤波时,完成一帧图像的定位计算所需时间为 15～25ms,而绝大部分情况下使用的匹配优化方法完成一帧图像的定位计算所需时间仅为 1～3ms,因此所提出的机器人自定位算法的实时性完全能够满足高度动态的机器人足球比赛的要求。至于摄像机参数自动调节算法,根据第 3 章中的分析,由于实际比赛环境中的光线条件不可能高度动态地变化,往往只需要几个优化周期即可实现摄像机参数的优化调节,摄像机参数的自动调节最多在几百毫秒内就能够完成,所以在比赛过程中偶尔对摄像机参数进行自动调节对机器人的目标识别、自定位等环境感知的实时性基本不会造成影响。

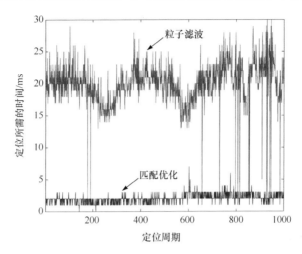

图 6.12　机器人自定位算法分别使用粒子滤波和匹配优化进行定位计算所需的时间

6.4　本 章 小 结

本章针对 RoboCup 中型组比赛环境这一典型的高度动态的室内结构化环境,将全向视觉系统应用于机器人的自定位问题,提出了一种结合使用粒子滤波和匹配优化定位的足球机器人鲁棒自定位方法,同时还使用了基于图像熵的摄像机参数自动调节方法以使全向视觉的输出能够自适应光线条件的变化。实验结果表明,通过使用该方法,足球机器人能够在高效率地获得高精度自定位的同时实现可靠的全局定位,并对遮挡、光线条件变化等环境动态因素具有很强的鲁棒性。本章提出的算法经过一定的调整后,也能应用于其他各种结构化环境中的移动机器人视觉自定位。

参 考 文 献

[1] 刘伟. Robocup 中型组机器人全景视觉系统设计与实现. 长沙:国防科学技术大学硕士学位论文,2004

[2] Lima P, Bonarini A, Machado C, et al. Omni-directional catadioptric vision for soccer robots. Robotics and Autonomous Systems, 2001, 36(2/3):87-102

[3] 卢惠民,刘斐,郑志强. 一种新的用于足球机器人的全向视觉系统. 中国图象图形学报,2007, 12(7):1243-1248

［4］ Menegatti E, Pretto A, Scarpa A, et al. Omnidirectional vision scan matching for robot localization in dynamic environments. IEEE Transactions on Robotics, 2006, 22(3): 523-535

［5］ Merke A, Welker S, Riedmiller M. Line based robot localization under natural light conditions. ECAI 2004 Workshop on Agents in Dynamic and Real Time Environments, Valencia, 2004

［6］ Lauer M, Lange S, Riedmiller M. Calculating the perfect match: An efficient and accurate approach for robot self-localization. RoboCup 2005: Robot Soccer World Cup IX, 2006: 142-153

［7］ Thrun S, Burgard W, Fox D. Probabilistic Robotics. Cambridge: MIT Press, 2005

［8］ Dellaert F, Fox D, Burgard W, et al. Monte carlo localization for mobile robots. Proceedings of IEEE International Conference on Robotics and Automation, Detroit, 1999: 1322-1328

［9］ 王景川, 陈卫东, 曹其新. 基于全景视觉与里程计的移动机器人自定位方法研究. 机器人, 2005, 27(1): 41-45

［10］ Fox D, Burgard W, Thrun S. Markov localization for mobile robots in dynamic environments. Journal of Artificial Intelligence Research, 1999, 11(1): 391-427

［11］ Thrun S, Fox D, Burgard W, et al. Robust Monte Carlo localization for mobile robots. Artificial Intelligence, 2000, 128(1/2): 99-141

［12］ Xiong D, Lu H, Zheng Z. A self-localization method based on omnidirectional vision and mti for soccer robots. Proceedings of the 10th World Congress on Intelligent Control and Automation, Beijing, 2012: 3731-3736

［13］ Heinemann P, Haase J, Zell A. A novel approach to efficient monte-carlo localization in RoboCup. RoboCup 2006: Robot Soccer World Cup X, 2007: 322-329

［14］ Lu H, Li X, Zhang H, et al. Robust and real-time self-localization based on omnidirectional vision for soccer robots. Advanced Robotics, 2013, 27(10): 799-811

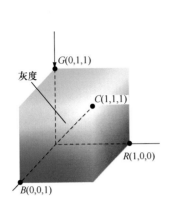

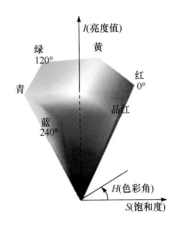

图 3.21　RGB 颜色空间示意图　　　　图 3.22　HSI 颜色空间示意图

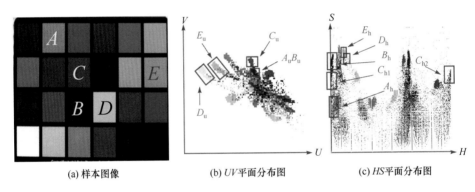

(a) 样本图像　　　　　(b) UV平面分布图　　　　　(c) HS平面分布图

图 3.23　UV 平面、HS 平面颜色分布图

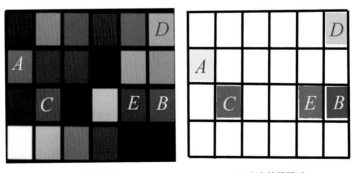

(a) 样本图像　　　　　　　(b) 分类结果显示

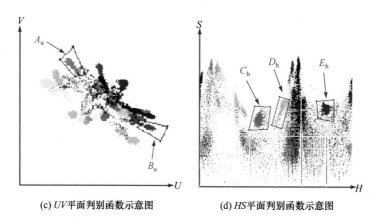

(c) *UV*平面判别函数示意图　　　　(d) *HS*平面判别函数示意图

图 3.26　线性分类器使用方法示意图

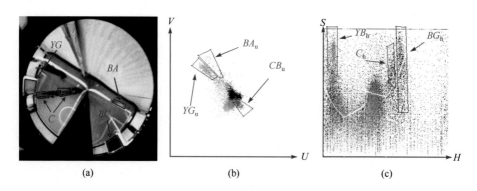

(a)　　　　　　　　(b)　　　　　　　　(c)

图 3.28　机器人足球环境中的近似颜色

表 3.3　中型组机器人足球比赛颜色分类对象及其结果表示

场地中的颜色	分类结果表示	场地中的颜色	分类结果表示
球(橙色)		色标(青色)	
球门、立柱(蓝色)		机器人(黑色)	
球门、立柱(黄色)		标示线(白色)	白色
场地(绿色)		其他未分类颜色	
色标(粉色)			

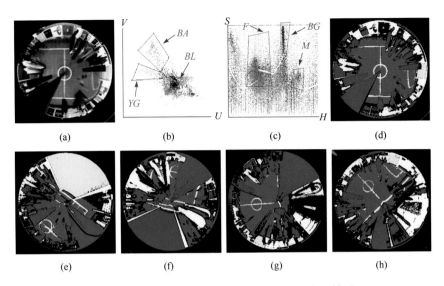

图 3.29　比赛中使用改进颜色查找表分类方法效果

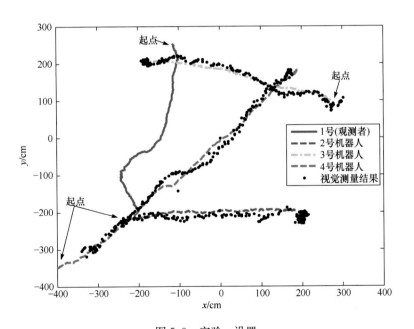

图 5.9　实验一设置

四条轨迹为机器人自身的定位结果,黑色散点为 1 号机器人的观测结果

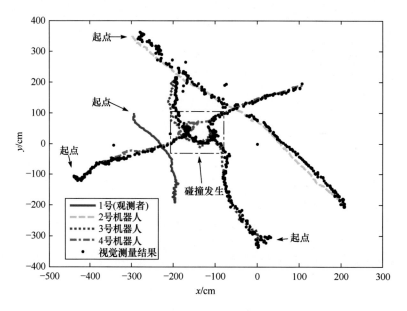

图 5.11　实验二设置

四条轨迹为机器人自定位结果,黑色散点为 1 号机器人的观测结果

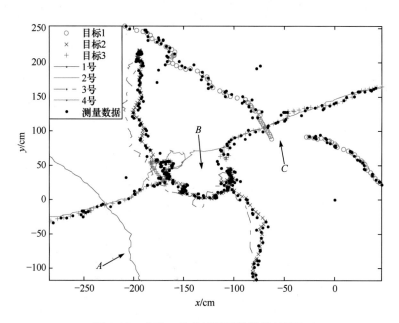

图 5.12　实验二的多目标跟踪结果(局部)